AF762427

L'Intelligence Artificielle Générative pour les Applications Web Java Dynamiques

Jules NDANGA

Published by Jules NDANGA, 2025.

While every precaution has been taken in the preparation of this book, the publisher assumes no responsibility for errors or omissions, or for damages resulting from the use of the information contained herein.

L'INTELLIGENCE ARTIFICIELLE GÉNÉRATIVE POUR LES APPLICATIONS WEB JAVA DYNAMIQUES

First edition. January 17, 2025.

Copyright © 2025 Jules NDANGA.

ISBN: 979-8224377046

Written by Jules NDANGA.

Introduction du Livre

L'**Intelligence Artificielle Générative pour les Applications Web Java Dynamiques** vous emmène dans un voyage au cœur de l'innovation en combinant deux des technologies les plus puissantes et en pleine expansion : **Java**, l'un des langages de programmation les plus populaires, et **ChatGPT**, un modèle d'intelligence artificielle avancé.

Aujourd'hui, le développement des applications Web ne se limite plus à la simple création de pages interactives ou de systèmes d'information robustes. L'arrivée des technologies d'**IA générative** a ouvert de nouvelles possibilités pour les développeurs, permettant non seulement d'automatiser des tâches complexes, mais aussi d'ajouter de l'intelligence à des fonctionnalités essentielles des applications.

Ce livre a été conçu pour les **développeurs Java**, **ingénieurs logiciels**, et **architectes**, que vous soyez débutant ou expérimenté. Vous y découvrirez comment utiliser des **outils IA modernes**, tels que **ChatGPT**, pour **générer automatiquement du code Java**, construire des applications dynamiques et intelligentes, et intégrer des fonctionnalités d'IA pour améliorer l'expérience utilisateur.

Objectifs du Livre

1. Comprendre l'intégration de l'IA dans les applications Web Java :

NOUS ABORDERONS LES principes de l'intelligence artificielle générative et comment ils peuvent être appliqués dans le cadre du développement Java pour automatiser des tâches complexes comme la génération de code et l'optimisation de la performance.

2. Développer des applications dynamiques :

GRÂCE AUX FRAMEWORKS Java comme **Servlet**, **JSP**, et **Spring Boot**, nous explorerons comment construire des applications Web évolutives et performantes tout en intégrant des fonctionnalités IA pour répondre aux interactions des utilisateurs en temps réel.

3. Optimiser et sécuriser vos applications :

LA SÉCURITÉ ET LA PERFORMANCE sont des aspects critiques du développement Web moderne. Ce livre vous guidera à travers les meilleures pratiques pour sécuriser vos API REST, optimiser les bases de données et mettre en place des systèmes robustes capables de traiter une charge importante.

Pourquoi ce livre est important :

JAVA EST UN LANGAGE de programmation utilisé depuis des décennies pour la création d'applications Web robustes. Cependant, le monde de la programmation évolue rapidement avec l'apparition de nouvelles technologies telles que **l'IA**, qui permet de repenser la manière dont nous développons les logiciels. Ce livre se veut une réponse à cette transformation, en vous aidant à **explorer l'avenir du développement Web** à travers des **approches dynamiques et intelligentes**, tout en tirant parti de vos compétences en Java.

À travers ce guide, vous apprendrez non seulement les bases du **développement Java moderne**, mais aussi comment tirer parti des **outils IA**, tels que **ChatGPT**, pour ajouter de l'intelligence à vos applications, automatiser la génération de code et simplifier des processus fastidieux.

Chapitre 1 : Introduction à la création d'applications Web dynamiques avec ChatGPT et Java

Les applications Web ont connu une évolution rapide, avec une demande croissante pour des interfaces dynamiques et des fonctionnalités en temps réel. Les utilisateurs modernes recherchent des expériences interactives qui s'adaptent à leurs besoins et contextes en temps réel. La capacité à fournir des réponses et des fonctionnalités dynamiques repose en grande partie sur la technologie de développement utilisée. C'est dans ce contexte que **Java**, un langage de programmation robuste et polyvalent, s'impose comme un outil essentiel pour les développeurs d'applications Web.

Parallèlement à cela, l'avènement de l'intelligence artificielle (IA) a radicalement transformé la manière dont nous concevons et développons des logiciels. Parmi les outils les plus révolutionnaires figure **GPT**, un modèle d'IA capable de comprendre et de générer du texte, y compris du code, avec un degré de sophistication sans précédent. Ce modèle d'intelligence artificielle générative, développé par OpenAI, peut non seulement répondre à des questions complexes, mais aussi générer automatiquement du code en fonction des besoins spécifiques du développeur. **Intégrer ChatGPT dans le développement Java** permet de gagner du temps, d'améliorer la qualité du code, et d'introduire des fonctionnalités d'intelligence artificielle dans les applications.

1.1. Objectifs du Chapitre

DANS CE PREMIER CHAPITRE, nous allons :

- Explorer comment l'IA, et plus particulièrement ChatGPT, peut être intégrée dans le processus de développement Java.
- Comprendre les bases des applications Web dynamiques.
- Présenter les outils et technologies requis pour ce type de développement.
- Décrire un exemple concret d'application Web dynamique et comment l'IA peut en améliorer les fonctionnalités.

Ce chapitre servira d'introduction générale à la thématique du livre, tout en vous guidant étape par étape pour vous familiariser avec les concepts et outils essentiels pour créer des applications Web dynamiques.

1.2. Qu'est-ce qu'une application Web dynamique ?

UNE **application Web dynamique** est un type d'application qui génère et fournit des contenus en temps réel, souvent en fonction des actions des utilisateurs ou des données externes. Contrairement aux applications Web statiques qui ne changent pas après leur chargement initial, les applications dynamiques s'adaptent et évoluent en fonction de l'interaction de l'utilisateur.

Exemple d'application Web dynamique : Prenons l'exemple d'un site de e-commerce. Lorsqu'un utilisateur se connecte, le site peut afficher des produits recommandés en fonction de ses achats passés, mettre à jour la disponibilité des stocks en temps réel et personnaliser l'expérience d'achat. Tout cela repose sur une architecture d'application Web dynamique qui gère plusieurs sources de données et intègre des algorithmes sophistiqués pour adapter l'affichage.

Les **technologies Java** telles que **Servlet** et **JSP (JavaServer Pages)** permettent de créer ces types d'applications Web dynamiques en facilitant l'interaction entre le client (navigateur Web) et le serveur.

1.3. L'importance de l'IA dans les applications Web modernes

L'IA EST EN TRAIN DE transformer chaque secteur d'activité, et le développement Web ne fait pas exception. Grâce à des modèles d'IA comme **ChatGPT**, il est désormais possible de créer des applications Web qui ne sont pas seulement interactives, mais également **intelligentes**. Voici quelques cas d'utilisation courants de l'IA dans les applications Web :

1. Personnalisation du contenu :

L'IA PEUT ANALYSER les données des utilisateurs pour fournir du contenu personnalisé. Par exemple, un site Web peut afficher des recommandations de produits basées sur les préférences de l'utilisateur.

2. Automatisation des tâches :

EN UTILISANT L'IA, les tâches répétitives peuvent être automatisées, ce qui permet aux développeurs de se concentrer sur des fonctionnalités plus complexes. ChatGPT, par exemple, peut automatiser la génération de certaines parties de code Java, telles que les formulaires ou les méthodes CRUD (Create, Read, Update, Delete).

3. Assistance utilisateur et chatbots :

LES APPLICATIONS WEB peuvent intégrer des chatbots pour fournir des réponses en temps réel aux utilisateurs, améliorer le service client et réduire le temps de réponse.

4. Amélioration de la sécurité :

L'IA PEUT AIDER À IDENTIFIER des vulnérabilités potentielles dans le code et à prévenir les cyberattaques.

Dans ce contexte, **ChatGPT** se distingue par sa capacité à générer automatiquement des segments de code, à répondre aux questions techniques et à fournir des suggestions de développement, réduisant ainsi les erreurs et améliorant l'efficacité globale du projet.

1.4. Outils et environnements nécessaires

POUR SUIVRE CE LIVRE et mettre en œuvre les concepts discutés, vous aurez besoin des outils suivants :

1. Java Development Kit (JDK) :

L'OUTIL PRINCIPAL POUR développer en Java.

2. Eclipse EE (Enterprise Edition) :

UN ENVIRONNEMENT DE développement intégré (IDE) puissant qui facilite le développement d'applications Web Java. Cet outil est recommandé pour son support de JSP, de Servlets, et pour son intégration facile avec Tomcat.

3. Apache Tomcat :

SERVEUR D'APPLICATIONS Web utilisé pour déployer et tester des applications Web Java dynamiques.

4. API d'OpenAI :

L'API DE CHATGPT SERA utilisée pour générer automatiquement du code Java ou pour ajouter des fonctionnalités d'intelligence artificielle à vos applications.

5. MySQL et JDBC :

MYSQL SERA UTILISÉ pour la gestion de la base de données, tandis que JDBC servira d'interface pour connecter vos applications Java à la base de données.

Exemple d'installation et de configuration :

Pour démarrer, vous devrez installer et configurer ces outils sur votre machine de développement :

- **Installation de Java (JDK)** : Téléchargez et installez le JDK depuis le site officiel d'Oracle. Ensuite, configurez votre IDE (Eclipse) pour qu'il pointe vers le JDK.
- **Installation d'Eclipse EE** : Téléchargez Eclipse EE depuis le site officiel. Une fois installé, configurez-le pour le développement Web en ajoutant les plugins nécessaires.
- **Configuration de Tomcat** : Téléchargez et configurez Tomcat pour déployer vos applications Web locales. Une fois installé, connectez Tomcat à Eclipse pour un flux de travail intégré.

1.5. Exemple : Utilisation de ChatGPT pour générer un formulaire de connexion Java

VOICI UN EXEMPLE SIMPLE de la manière dont vous pouvez utiliser **ChatGPT** pour générer automatiquement un formulaire de connexion Java.

1. Vous donnez à ChatGPT une description de ce que vous voulez, comme :

"JE VEUX CRÉER UN FORMULAIRE de connexion en Java, qui prend un nom d'utilisateur et un mot de passe, et qui vérifie les informations dans une base de données MySQL."

2. ChatGPT générera automatiquement le code correspondant. Voici un exemple du code que ChatGPT pourrait produire :

```
@WEBSERVLET("/LOGIN")

public class LoginServlet extends HttpServlet {

private static final long serialVersionUID = 1L;

protected void doPost(HttpServletRequest request, HttpServletResponse response) throws ServletException, IOException {

String username = request.getParameter("username");

String password = request.getParameter("password");

if(validateUser(username, password)) {

response.sendRedirect("success.jsp");

} else {

response.sendRedirect("error.jsp");

}

}

private boolean validateUser(String username, String password) {

// Code pour vérifier les informations dans la base de données MySQL

return true; // Simplifié pour l'exemple

}
```

```
}
```

CE CODE DE BASE PEUT ensuite être modifié et intégré dans votre application, vous économisant un temps précieux de codage.

Cela constitue la première introduction aux concepts abordés dans ce livre. Nous avons couvert les bases des applications Web dynamiques avec Java et l'IA, tout en posant les bases pour les chapitres suivants où nous approfondirons l'utilisation des outils.

Chapitre 2 : Configuration de l'environnement de développement pour Java et ChatGPT

Avant de pouvoir commencer à développer des applications Web dynamiques, il est essentiel de configurer correctement votre environnement de développement. Cette étape garantit non seulement que tous les outils nécessaires sont en place, mais aussi que vous pourrez travailler efficacement tout au long du processus de développement. Dans ce chapitre, nous allons configurer les environnements pour **Java**, **ChatGPT** (via l'API d'OpenAI), et les outils associés comme **Apache Tomcat** et **Eclipse EE**.

2.1. Installation du JDK (Java Development Kit)

JAVA EST L'UN DES LANGAGES de programmation les plus populaires pour le développement d'applications Web et back-end, principalement en raison de sa portabilité, sa robustesse et sa grande communauté de développeurs. Pour commencer, vous devez installer le **JDK**.

Étape 1 : Téléchargement du JDK

Rendez-vous sur le site officiel d'Oracle[1] et téléchargez la version la plus récente du **Java SE Development Kit (JDK)** pour votre système d'exploitation (Windows, macOS, ou Linux).

Étape 2 : Installation du JDK

1. https://www.oracle.com/java/technologies/javase-jdk11-downloads.html

Après avoir téléchargé le fichier, suivez les instructions d'installation correspondant à votre système :

- **Windows :** Exécutez le fichier .exe téléchargé et suivez les étapes pour installer le JDK.
- **macOS :** Ouvrez le fichier .dmg, puis faites glisser l'icône du JDK dans le dossier des Applications.
- **Linux :** Décompressez le fichier téléchargé et placez-le dans le répertoire de votre choix. Configurez ensuite le $JAVA_HOME et mettez à jour votre $PATH.

Étape 3 : Configuration des variables d'environnement

Il est important de configurer votre système pour qu'il reconnaisse le JDK. Voici comment procéder :

- **Windows :** Accédez à vos **Variables d'environnement** (via les **Propriétés système**), et ajoutez une nouvelle variable appelée JAVA_HOME avec le chemin vers le dossier d'installation du JDK. Ensuite, ajoutez %JAVA_HOME%\bin à la variable **Path.**
- **macOS et Linux :** Ajoutez les lignes suivantes à votre fichier .bash_profile ou .bashrc :

```
export JAVA_HOME=/path/to/jdk

export PATH=$JAVA_HOME/bin:$PATH
```

Étape 4 : Vérification de l'installation

- Pour vérifier si l'installation a été effectuée avec succès, ouvrez une console ou un terminal et tapez :

```
java -version
```

Vous devriez voir la version du JDK que vous avez installée.

2.2. Installation et configuration d'Eclipse EE (Enterprise Edition)

ECLIPSE EST UN **environnement de développement intégré (IDE)** puissant qui supporte les applications Web Java, notamment avec **Servlet** et **JSP**. Nous utiliserons la version **Eclipse EE** car elle inclut les outils nécessaires pour les applications d'entreprise.

Étape 1 : Téléchargement d'Eclipse

Visitez le site officiel d'Eclipse (eclipse.org) et téléchargez **Eclipse IDE for Java EE Developers**.

Étape 2 : Installation d'Eclipse

Une fois le fichier téléchargé, suivez les instructions spécifiques à votre système d'exploitation pour installer Eclipse. Sur **Windows** et **macOS**, cela consiste généralement à exécuter un installateur, tandis que sur **Linux**, il peut être nécessaire de décompresser un fichier .tar.

Étape 3 : Configuration du JDK dans Eclipse

1. Lancez Eclipse.
2. Allez dans **Window** > **Preferences** (sur macOS, c'est sous **Eclipse** > **Preferences**).
3. Dans la section **Java** > **Installed JREs**, ajoutez le JDK que vous avez installé précédemment.
4. Vérifiez que le JDK est bien sélectionné comme JRE par défaut.

2.3. Installation et configuration d'Apache Tomcat

POUR TESTER ET DÉPLOYER nos applications Web dynamiques, nous aurons besoin d'un serveur d'applications. **Apache Tomcat** est un choix populaire et facile à configurer pour Java EE.

Étape 1 : Téléchargement de Tomcat

Rendez-vous sur la page officielle d'Apache Tomcat (tomcat.apache.org[2]) et téléchargez la version la plus récente compatible avec votre système d'exploitation.

Étape 2 : Installation de Tomcat

Suivez les instructions spécifiques à votre plateforme :

- **Windows :** Téléchargez le fichier .zip ou .exe et suivez les instructions d'installation.
- **macOS et Linux :** Téléchargez le fichier .tar.gz, décompressez-le, et déplacez-le dans un répertoire approprié.

Étape 3 : Configuration de Tomcat dans Eclipse

1. Ouvrez Eclipse, et allez dans **Servers**.
2. Cliquez avec le bouton droit et sélectionnez **New > Server**.
3. Choisissez **Tomcat v9.0 Server** et spécifiez le chemin vers le dossier d'installation de Tomcat.
4. Suivez les étapes restantes pour terminer l'ajout de Tomcat à Eclipse.

Une fois configuré, vous pourrez exécuter et déboguer vos applications directement depuis Eclipse.

2. https://tomcat.apache.org/download-90.cgi

2.4. Configuration de l'API de ChatGPT pour le développement

POUR TIRER PARTI DE **ChatGPT** dans le cadre du développement d'applications Java, nous utiliserons l'API OpenAI. Cela nous permettra de générer du code, d'analyser des erreurs et d'automatiser certaines tâches.

Étape 1 : Créer un compte OpenAI

Allez sur le site d'OpenAI[3] et créez un compte. Après avoir créé un compte, vous recevrez une clé API qui sera nécessaire pour accéder à ChatGPT.

Étape 2 : Installation d'HTTP Client pour Java

Afin d'interagir avec l'API de ChatGPT depuis Java, vous devez installer un **HTTP Client**. Vous pouvez utiliser la bibliothèque **Apache HttpClient** ou la bibliothèque native **HttpURLConnection**.

Voici comment vous pouvez installer **Apache HttpClient** :

1. Ajoutez la dépendance suivante à votre projet Maven (pom.xml) :

```
<dependency>

<groupId>org.apache.httpcomponents.client5</groupId>

<artifactId>httpclient5</artifactId>

<version>5.1</version>

</dependency>
```

Ou si vous utilisez Gradle, ajoutez cette ligne à votre fichier build.gradle :

3. https://platform.openai.com/

```
implementation 'org.apache.httpcomponents.client5:httpclient5:5.1'
```

1. Importez la bibliothèque dans votre classe Java :

```
import org.apache.hc.client5.http.HttpResponse;

import org.apache.hc.client5.http.classic.methods.HttpPost;

import org.apache.hc.core5.http.io.entity.StringEntity;
```

Étape 3 : Connexion à l'API de ChatGPT

Voici un exemple simple d'appel à l'API ChatGPT en Java pour générer une suggestion de code :

```
HttpPost post = new HttpPost("https://api.openai.com/v1/completions");

post.setHeader("Authorization", "Bearer VOTRE_CLE_API");

String json = "{ \"model\": \"text-davinci-003\", \"prompt\": \"Générez un formulaire de connexion Java\", \"max_tokens\": 1500 }";

StringEntity entity = new StringEntity(json);

post.setEntity(entity);

HttpResponse response = client.execute(post);

System.out.println(response.getEntity().getContent());
```

Assurez-vous de remplacer **VOTRE_CLE_API** par la clé API obtenue sur le site d'OpenAI.

2.5. Test de l'environnement

UNE FOIS QUE TOUT EST installé, il est important de tester l'ensemble de votre environnement pour vous assurer que tout fonctionne correctement. Voici quelques étapes pour vérifier que tout est en ordre :

1. **Tester Tomcat :** Lancez Tomcat à partir d'Eclipse et vérifiez que vous pouvez accéder à l'interface Web de Tomcat en accédant à http://localhost:8080.
2. **Tester ChatGPT :** Essayez d'exécuter une requête simple à l'API de ChatGPT depuis votre application Java et vérifiez que vous recevez une réponse correcte.
3. **Tester une application Java :** Créez une application Java simple avec une **Servlet** et déployez-la sur Tomcat pour vérifier que tout fonctionne comme prévu.

Ce chapitre a couvert la configuration complète de votre environnement de développement, y compris l'installation de Java, Eclipse, Tomcat, et l'intégration de ChatGPT via l'API OpenAI. Vous êtes maintenant prêt à commencer à développer des applications Web dynamiques et intelligentes en Java !

Chapitre 3 : Introduction aux Servlets et JSP pour les Applications Web Dynamiques

Dans ce chapitre, nous allons explorer le rôle des **Servlets** et des **JSP (JavaServer Pages)** dans la création d'applications Web dynamiques. Ces technologies Java permettent aux développeurs de gérer les requêtes HTTP, de générer du contenu dynamique, et de créer des interfaces utilisateur interactives qui communiquent directement avec le serveur.

3.1. Qu'est-ce qu'une Servlet ?

LES **Servlets** sont des classes Java qui exécutent des opérations sur un serveur pour traiter des requêtes entrantes (souvent des requêtes HTTP) et y répondre. Leur principal rôle dans une application Web dynamique est de gérer la logique côté serveur, telle que l'interaction avec les bases de données, la gestion des sessions utilisateur, et l'analyse des requêtes.

Fonctionnement des Servlets

Une Servlet fonctionne comme suit :

1. Le client (généralement un navigateur Web) envoie une requête HTTP au serveur.
2. Le serveur Web, tel qu'Apache Tomcat, passe la requête à une Servlet.
3. La Servlet traite la requête (elle peut accéder à des bases de données, lire des paramètres, générer du contenu dynamique).
4. La Servlet renvoie une réponse au client, souvent sous forme

de HTML.

3.2. Créer une Servlet Simple

POUR ILLUSTRER COMMENT fonctionnent les Servlets, nous allons créer un exemple simple qui affiche un message dynamique dans le navigateur.

Étape 1 : Créer un Projet Web Dynamique dans Eclipse

1. Dans Eclipse, cliquez sur **File** > **New** > **Dynamic Web Project**.
2. Donnez un nom à votre projet (par exemple, **DemoServletProject**) et cliquez sur **Finish**.
3. Eclipse générera un projet avec une structure de base pour une application Web Java EE.

Étape 2 : Créer la Servlet

1. Faites un clic droit sur le dossier **src/main/java** de votre projet, puis sélectionnez **New** > **Servlet**.
2. Donnez à la Servlet le nom **HelloServlet** et spécifiez le chemin d'URL sous lequel la Servlet sera accessible (par exemple, /hello).
3. Eclipse génère automatiquement un fichier Java pour la Servlet, prêt à être modifié.

Voici le code Java d'une Servlet simple :

```
import java.io.IOException;

import java.io.PrintWriter;

import javax.servlet.ServletException;

import javax.servlet.annotation.WebServlet;
```

```
import javax.servlet.http.HttpServlet;
import javax.servlet.http.HttpServletRequest;
import javax.servlet.http.HttpServletResponse;
@WebServlet("/hello")
public class HelloServlet extends HttpServlet {
private static final long serialVersionUID = 1L;
@Override
protected void doGet(HttpServletRequest request, HttpServletResponse response)
throws ServletException, IOException {
response.setContentType("text/html");
PrintWriter out = response.getWriter();
out.println("<html><body>");
out.println("<h1>Bienvenue dans notre première Servlet Java !</h1>");
out.println("</body></html>");
}
}
```

Étape 3 : Déployer et Tester la Servlet

1. Lancez **Tomcat** à partir d'Eclipse.
2. Faites un clic droit sur votre projet, sélectionnez **Run As > Run on Server.**
3. Une nouvelle fenêtre de navigateur devrait s'ouvrir avec l'URL : http://localhost:8080/DemoServletProject/hello.
4. Vous devriez voir le message **"Bienvenue dans notre première Servlet Java !"** affiché dans le navigateur.

3.3. Qu'est-ce que JSP (JavaServer Pages) ?

LES **JSP** sont une technologie Java qui permet d'intégrer du code Java dans des pages HTML. Alors que les Servlets sont généralement utilisés pour gérer la logique serveur, les JSP sont principalement utilisés pour générer le contenu dynamique de l'interface utilisateur.

Différence entre JSP et Servlets

- **Servlets** : Idéales pour la logique métier et les interactions complexes avec le serveur.
- **JSP** : Meilleures pour le contenu dynamique côté présentation (génération de HTML basé sur les données).

En utilisant JSP, vous pouvez facilement intégrer des éléments dynamiques dans une page HTML, comme des variables et des boucles Java, tout en gardant une séparation claire entre la logique et la présentation.

3.4. Exemple de JSP simple

NOUS ALLONS MAINTENANT créer un exemple de JSP qui affiche un message dynamique basé sur les paramètres passés par la requête HTTP.

Étape 1 : Créer un Fichier JSP

Dans Eclipse :

1. Faites un clic droit sur le dossier **WebContent** de votre projet.
2. Sélectionnez **New** > **JSP File** et nommez-le **welcome.jsp**.

Étape 2 : Code pour le JSP

Voici le code d'exemple pour le fichier **welcome.jsp**. Il prend un nom en paramètre via la requête HTTP et l'affiche dans un message de bienvenue :

```
<%@ page language="java" contentType="text/html; charset=UTF-8" pageEncoding="UTF-8"%>

<html>

<head>

<title>Page de Bienvenue</title>

</head>

<body>

<h1>

Bienvenue, <%= request.getParameter("nom") != null ? request.getParameter("nom") : "invité" %> !

</h1>

</body>

</html>
```

Étape 3 : Tester le JSP

1. Lancez **Tomcat** et déployez le projet comme dans l'exemple de Servlet.
2. Ouvrez un navigateur et accédez à l'URL : http://localhost:8080/DemoServletProject/welcome.jsp?nom=Jules.
3. La page devrait afficher **"Bienvenue, Jules !"**.

3.5. Interaction entre Servlets et JSP

DANS UNE APPLICATION Web Java, il est courant d'utiliser les **Servlets** pour gérer la logique métier, comme le traitement des requêtes et l'interaction avec les bases de données, puis de transférer les résultats à un **JSP** pour afficher le contenu dynamique.

Exemple d'Interaction Servlet-JSP

Nous allons créer un exemple où la **Servlet** traite les données, puis les passe à une page **JSP** pour l'affichage.

Étape 1 : Modifier la Servlet

Modifions notre **HelloServlet** pour transférer un message à un fichier **JSP** :

```
@Override
protected void doGet(HttpServletRequest request, HttpServletResponse response)
throws ServletException, IOException {
String nom = request.getParameter("nom");
if (nom == null || nom.isEmpty()) {
nom = "invité";
}
request.setAttribute("nomUtilisateur", nom);
request.getRequestDispatcher("/welcome.jsp").forward(request, response);
}
```

Étape 2 : Modifier le Fichier JSP

Dans **welcome.jsp**, remplacez le code Java par l'utilisation de l'attribut passé par la Servlet :

```
<h1>
Bienvenue, ${nomUtilisateur} !
</h1>
```

Étape 3 : Tester l'Interaction

1. Accédez à l'URL suivante dans votre navigateur : http://localhost:8080/DemoServletProject/hello?nom=Jules.
2. Vous devriez être redirigé vers **welcome.jsp**, qui affichera **"Bienvenue, Jules !"**.

Cette interaction montre comment utiliser les **Servlets** pour gérer la logique serveur, puis transférer le contrôle à une page **JSP** pour afficher les résultats à l'utilisateur.

3.6. Utilisation des Beans dans JSP

POUR SIMPLIFIER ENCORE plus l'interaction entre la logique métier (dans les Servlets) et l'affichage (dans JSP), vous pouvez utiliser des **JavaBeans**. Les Beans sont des objets Java avec des propriétés accessibles via des méthodes **getter** et **setter**. Vous pouvez définir des Beans dans vos Servlets et les utiliser dans vos JSP pour afficher des données.

Exemple de Bean et JSP

Supposons que nous ayons une classe **UtilisateurBean** qui représente un utilisateur :

```
public class UtilisateurBean {

private String nom;

public String getNom() {

return nom;

}

public void setNom(String nom) {
```

```
this.nom = nom;

}

}
```

DANS VOTRE SERVLET, vous pouvez créer un **UtilisateurBean** et le passer à la page **JSP** :

```
UtilisateurBean utilisateur = new UtilisateurBean();

utilisateur.setNom(nom);

request.setAttribute("utilisateur", utilisateur);

request.getRequestDispatcher("/welcome.jsp").forward(request, response);
```

DANS **welcome.jsp**, vous pouvez accéder aux propriétés du Bean :

```
<h1>

Bienvenue, ${utilisateur.nom} !

</h1>
```

Nous avons exploré les **Servlets** et **JSP** comme technologies clés pour le développement d'applications Web dynamiques en Java. Vous êtes désormais prêt à créer des applications complexes en utilisant ces outils puissants !

Chapitre 4 : Les Filtres et Listeners dans les Applications Web Java

Les **Filtres** et **Listeners** sont deux outils puissants qui permettent de mieux contrôler et gérer le cycle de vie des requêtes et des réponses HTTP dans une application Web. Ils ajoutent une couche supplémentaire de traitement qui peut intercepter, modifier ou même annuler des requêtes, des réponses, ou réagir à certains événements du serveur.

4.1. Qu'est-ce qu'un Filtre (Filter) ?

UN **filtre** est une classe Java qui permet d'intercepter et de traiter des requêtes HTTP avant qu'elles n'atteignent une Servlet ou une page JSP, et de manipuler les réponses avant qu'elles ne soient envoyées au client. Contrairement aux Servlets, les filtres ne génèrent pas de réponse ; ils servent plutôt à pré-traiter ou post-traiter des données.

Les filtres sont souvent utilisés pour :

- **L'authentification et l'autorisation** : Vérifier si l'utilisateur est authentifié avant de permettre l'accès à certaines ressources.
- **La compression** : Compresser la réponse avant de l'envoyer au client.
- **La gestion des en-têtes** : Ajouter ou modifier des en-têtes HTTP dans la réponse.

Fonctionnement d'un Filtre

Le cycle de vie d'un filtre est similaire à celui d'une Servlet, avec trois méthodes principales :

1. **init(FilterConfig config)** : Méthode appelée lors de l'initialisation du filtre.
2. **doFilter(ServletRequest request, ServletResponse response, FilterChain chain)** : Méthode qui contient la logique du filtre. Elle est appelée à chaque requête.
3. **destroy()** : Méthode appelée lors de la destruction du filtre.

Lors de la mise en œuvre de la méthode **doFilter()**, le filtre peut décider de passer la requête à la Servlet suivante (en appelant **chain.doFilter()**) ou de bloquer la requête.

4.2. Exemple de Filtre de Connexion

PRENONS UN EXEMPLE d'application où nous voulons restreindre l'accès à certaines pages aux utilisateurs connectés. Nous allons créer un **filtre de connexion** qui vérifiera si l'utilisateur est authentifié avant de permettre l'accès à une page protégée.

Étape 1 : Créer le Filtre

1. Dans Eclipse, faites un clic droit sur le dossier **src/main/java** et sélectionnez **New > Class**.
2. Nommez la classe **LoginFilter** et faites-la implémenter l'interface **javax.servlet.Filter**.

Voici un exemple de code pour le filtre :

```
import java.io.IOException;

import javax.servlet.Filter;

import javax.servlet.FilterChain;

import javax.servlet.FilterConfig;

import javax.servlet.ServletException;
```

```
import javax.servlet.ServletRequest;
import javax.servlet.ServletResponse;
import javax.servlet.http.HttpServletRequest;
import javax.servlet.http.HttpServletResponse;
import javax.servlet.http.HttpSession;
public class LoginFilter implements Filter {
@Override
public void init(FilterConfig filterConfig) throws ServletException {
// Initialisation du filtre si nécessaire
}
@Override
public void doFilter(ServletRequest request, ServletResponse response, FilterChain
chain)
throws IOException, ServletException {
HttpServletRequest req = (HttpServletRequest) request;
HttpServletResponse res = (HttpServletResponse) response;
HttpSession session = req.getSession(false);
// Si l'utilisateur n'est pas connecté, redirigez vers la page de connexion
if (session == null || session.getAttribute("utilisateur") == null) {
res.sendRedirect(req.getContextPath() + "/login.jsp");
} else {
// Si l'utilisateur est connecté, continuez la requête
chain.doFilter(request, response);
}
}
```

```
@Override
publiç void destroy() {
// Libération des ressources si nécessaire
}
}
```

ÉTAPE 2 : CONFIGURER le Filtre dans web.xml

Les filtres peuvent être configurés dans le fichier **web.xml**, qui fait partie du dossier **WEB-INF**. Voici comment enregistrer le filtre **LoginFilter** pour qu'il intercepte toutes les requêtes vers des pages protégées :

```
<filter>
<filter-name>LoginFilter</filter-name>
<filter-class>com.example.filters.LoginFilter</filter-class>
</filter>
<filter-mapping>
<filter-name>LoginFilter</filter-name>
<url-pattern>/pages/protected/*</url-pattern>
</filter-mapping>
```

CELA SIGNIFIE QUE TOUTES les requêtes dirigées vers des URL commençant par **/pages/protected/** seront interceptées par le filtre **LoginFilter**.

Étape 3 : Tester le Filtre

1. Ajoutez une page protégée, par exemple **protectedPage.jsp**, dans le dossier **pages/protected/**.
2. Si un utilisateur tente d'accéder à cette page sans être connecté, il sera redirigé vers **login.jsp**.

4.3. Qu'est-ce qu'un Listener ?

LES **Listeners** sont des composants Java EE qui écoutent et réagissent à certains événements du cycle de vie des objets dans une application Web, tels que les sessions utilisateurs, les requêtes HTTP, ou le démarrage du serveur. Ils permettent d'exécuter des actions spécifiques lorsque ces événements surviennent.

Voici quelques types courants de **Listeners** :

- **ServletContextListener** : Réagit aux événements liés au cycle de vie du contexte de Servlet (démarrage et arrêt de l'application).
- **HttpSessionListener** : Réagit aux événements liés au cycle de vie des sessions HTTP (création et destruction des sessions).
- **ServletRequestListener** : Écoute les événements de début et de fin des requêtes.

4.4. Exemple de HttpSessionListener

UN EXEMPLE PRATIQUE de **HttpSessionListener** consiste à suivre le nombre d'utilisateurs actuellement connectés à l'application. Cela peut être utile pour des statistiques ou des fonctionnalités administratives.

Étape 1 : Créer le Listener

1. Créez une nouvelle classe dans **src/main/java** et nommez-la

SessionCounterListener.

2. Faites-la implémenter l'interface **javax.servlet.http.HttpSessionListener.**

Voici un exemple de code pour suivre le nombre de sessions actives :

```
import javax.servlet.http.HttpSessionEvent;

import javax.servlet.http.HttpSessionListener;

public class SessionCounterListener implements HttpSessionListener {

private static int activeSessions = 0;

@Override

public void sessionCreated(HttpSessionEvent se) {

activeSessions++;

System.out.println("Nouvelle session créée. Sessions actives : " + activeSessions);

}

@Override

public void sessionDestroyed(HttpSessionEvent se) {

activeSessions—;

System.out.println("Session détruite. Sessions actives : " + activeSessions);

}

public static int getActiveSessions() {

return activeSessions;

}

}
```

ÉTAPE 2 : CONFIGURER le Listener dans web.xml

Comme pour les filtres, les **Listeners** doivent être enregistrés dans **web.xml** :

```
<listener>

<listener-class>com.example.listeners.SessionCounterListener</listener-class>

</listener>
```

ÉTAPE 3 : TESTER LE Listener

1. Déployez l'application.
2. À chaque nouvelle session créée (par exemple, un nouvel utilisateur qui ouvre le site), vous verrez un message dans la console indiquant le nombre de sessions actives.
3. Lorsque les sessions sont détruites (par exemple, lorsqu'un utilisateur se déconnecte ou ferme son navigateur), le nombre de sessions est mis à jour.

4.5. Utilisation Avancée des Filtres et Listeners

- **Chaînage de filtres** : Il est possible d'enchaîner plusieurs filtres pour appliquer des transformations successives sur les requêtes et les réponses.
- **Listeners pour la gestion des utilisateurs** : Les **HttpSessionAttributeListener** peuvent être utilisés pour surveiller les modifications des attributs de session, comme les informations d'identification des utilisateurs.
- **Filtres de performance** : Des filtres peuvent également être utilisés pour mesurer le temps de traitement des requêtes et ainsi optimiser les performances du serveur.

NOUS AVONS APPRIS À utiliser les **Filtres** et **Listeners** pour enrichir nos applications Web Java avec des mécanismes de gestion avancée des requêtes et des événements. Ces outils offrent une grande flexibilité dans la gestion des sessions utilisateurs, de la sécurité et de la performance dans les applications Web.

Chapitre 5 : Gestion des Erreurs et Exceptions dans une Application Web Java

La gestion des erreurs et des exceptions est une composante essentielle de toute application bien conçue. Dans une application Web Java, il est nécessaire de pouvoir identifier, capturer et traiter les erreurs de manière élégante afin de ne pas interrompre l'expérience utilisateur et de garantir la stabilité de l'application. Les erreurs peuvent être causées par des bugs, des saisies utilisateur incorrectes, des indisponibilités de ressources ou d'autres conditions imprévues.

5.1. Comprendre les Erreurs et Exceptions

EN JAVA, LES ERREURS et exceptions peuvent être divisées en deux grandes catégories :

- **Les erreurs (Error)** : Ce sont des conditions graves, souvent au niveau du système ou de la machine virtuelle Java (JVM). Par exemple, un **OutOfMemoryError** ou **StackOverflowError** survient généralement lorsque la mémoire allouée est insuffisante ou qu'une boucle récursive dépasse les limites de la pile d'exécution.
- **Les exceptions (Exception)** : Elles sont généralement liées à des erreurs logiques ou des problèmes anticipés dans le programme. Contrairement aux erreurs, elles peuvent souvent être récupérées ou gérées. Les exceptions sont elles-mêmes classées en deux types :
    - **Checked Exceptions** : Ces exceptions doivent être gérées

explicitement par le programme (par exemple, IOException, SQLException).

- **Unchecked Exceptions** : Elles surviennent souvent à cause d'erreurs de programmation (par exemple, NullPointerException, ArrayIndexOutOfBoundsException).

5.2. Gestion des Exceptions dans les Servlets

LORSQU'UNE EXCEPTION survient dans une Servlet, elle peut être capturée et traitée grâce aux blocs **try-catch** ou en utilisant un gestionnaire d'exceptions global.

Exemple de gestion d'exception dans une Servlet

Prenons un exemple simple où nous avons une Servlet qui divise deux nombres donnés par l'utilisateur via un formulaire. Si l'utilisateur tente de diviser par zéro, une **ArithmeticException** se produit.

```
import java.io.IOException;

import javax.servlet.ServletException;

import javax.servlet.annotation.WebServlet;

import javax.servlet.http.HttpServlet;

import javax.servlet.http.HttpServletRequest;

import javax.servlet.http.HttpServletResponse;

@WebServlet("/divide")

public class DivideServlet extends HttpServlet {

protected void doPost(HttpServletRequest request, HttpServletResponse response)

throws ServletException, IOException {

try {

int num1 = Integer.parseInt(request.getParameter("num1"));
```

```
int num2 = Integer.parseInt(request.getParameter("num2"));
// Division par zéro potentielle
int result = num1 / num2;
response.getWriter().println("Résultat : " + result);
} catch (ArithmeticException e) {
response.getWriter().println("Erreur : Division par zéro non autorisée.");
} catch (NumberFormatException e) {
response.getWriter().println("Erreur : Veuillez entrer des nombres valides.");
} catch (Exception e) {
response.getWriter().println("Une erreur inattendue est survenue : " + e.getMessage());
}
}
}
```

ICI, NOUS AVONS TROIS types de captures d'exceptions :

- **ArithmeticException** pour gérer la division par zéro.
- **NumberFormatException** pour traiter les erreurs de format de nombre.
- **Exception** générique pour capturer tout autre type d'exception imprévu.

5.3. Utiliser le Fichier web.xml pour la Gestion Globale des Erreurs

OUTRE LES BLOCS **try-catch** dans les Servlets, il est possible de gérer les erreurs de manière plus globale en définissant des pages d’erreurs personnalisées dans le fichier **web.xml**. Cela permet d'intercepter certaines exceptions ou des codes d'erreur HTTP (comme 404 ou 500) et d'afficher une page spécifique pour l'utilisateur.

Déclaration des pages d’erreurs dans web.xml

Voici comment définir des pages d’erreurs pour les exceptions **ArithmeticException** et pour les erreurs HTTP comme **404 (Page Non Trouvée)**.

```
<error-page>

<exception-type>java.lang.ArithmeticException</exception-type>

<location>/arithmeticError.jsp</location>

</error-page>

<error-page>

<error-code>404</error-code>

<location>/notFound.jsp</location>

</error-page>

<error-page>

<error-code>500</error-code>

<location>/serverError.jsp</location>

</error-page>
```

- L’élément **<error-page>** permet de définir une page à afficher lorsqu'une exception spécifique est levée ou lorsqu'un code d'erreur HTTP est rencontré.

- **<exception-type>** permet de spécifier la classe d'exception pour laquelle cette page d'erreur doit être affichée.
- **<error-code>** permet de spécifier le code d'erreur HTTP. Par exemple, 404 est utilisé pour indiquer qu'une ressource demandée est introuvable, tandis que 500 est pour les erreurs internes du serveur.

CRÉATION DES PAGES d'Erreur Personnalisées

Vous devez maintenant créer des fichiers **JSP** qui seront affichés lorsque ces erreurs surviennent. Par exemple, la page **arithmeticError.jsp** pourrait ressembler à ceci :

```
<html>

<head>

<title>Erreur Arithmétique</title>

</head>

<body>

<h1>Une erreur arithmétique est survenue.</h1>

<p>Il semble que vous ayez tenté de diviser par zéro. Veuillez réessayer avec des valeurs valides.</p>

<a href="index.jsp">Retour à l'accueil</a>

</body>

</html>
```

DE MÊME, VOUS POUVEZ personnaliser **notFound.jsp** pour afficher un message convivial lorsque l'utilisateur tente d'accéder à une page inexistante.

5.4. Journaux d'Erreurs (Logging)

OUTRE LA GESTION DES erreurs via des pages d'erreur ou des blocs **try-catch**, il est important de **consigner** les erreurs pour une meilleure maintenance de l'application. Le **journal des erreurs** permet aux développeurs et aux administrateurs système d'examiner ce qui s'est mal passé et de résoudre les problèmes plus rapidement.

Java propose plusieurs façons d'enregistrer les erreurs, l'une des méthodes les plus courantes étant d'utiliser le framework **Log4j** ou **java.util.logging**.

Exemple d'utilisation de Log4j pour la gestion des erreurs

```
import org.apache.log4j.Logger;

public class MyServlet extends HttpServlet {

private static final Logger logger = Logger.getLogger(MyServlet.class);

protected void doGet(HttpServletRequest request, HttpServletResponse response)

throws ServletException, IOException {

try {

// Exemple de code

} catch (Exception e) {

logger.error("Une erreur s'est produite", e);

response.getWriter().println("Une erreur interne est survenue. Veuillez réessayer plus tard.");

}
```

```
}
}
```

LOG4J PERMET D'ENREGISTRER différents niveaux de messages (INFO, DEBUG, ERROR, etc.), ce qui peut aider à classer et filtrer les erreurs dans un environnement de production.

5.5. Conseils pour une Bonne Gestion des Erreurs

VOICI QUELQUES BONNES pratiques pour gérer efficacement les erreurs dans une application Web Java :

1. **Ne jamais exposer les détails des exceptions aux utilisateurs** : Les messages d'erreur doivent être simples et ne pas révéler de détails techniques qui pourraient être utilisés à des fins malveillantes.
2. **Utiliser des pages d'erreur personnalisées** : Offrir une expérience utilisateur cohérente en cas d'erreurs, avec des messages d'erreur adaptés au contexte.
3. **Consigner toutes les erreurs** : Utiliser des frameworks de journalisation pour conserver une trace des erreurs et exceptions qui se produisent.
4. **Tester l'application avec des cas d'erreur courants** : Les tests unitaires doivent couvrir les scénarios d'erreurs pour garantir que l'application les gère correctement.

Ce chapitre vous a montré comment gérer efficacement les erreurs dans une application Web Java. Nous avons couvert la gestion des exceptions au niveau des Servlets, l'utilisation de pages d'erreurs personnalisées, ainsi que l'importance du journal des erreurs pour le débogage et la maintenance.

Chapitre 6 : Introduction aux Bases de Données et Connexions JDBC

L'une des principales fonctionnalités des applications web modernes est leur capacité à interagir avec des bases de données pour stocker, récupérer et manipuler des données. Dans ce chapitre, nous allons explorer la manière dont Java permet de se connecter et de travailler avec une base de données grâce à l'API JDBC (Java Database Connectivity). Nous aborderons les notions de base concernant les bases de données, le rôle de JDBC, ainsi que des exemples pratiques pour se connecter à une base de données et effectuer des opérations courantes comme l'insertion, la mise à jour, la suppression et la lecture des données.

6.1. Concepts de Base des Bases de Données

AVANT DE PLONGER DANS JDBC, il est important de comprendre les concepts clés des bases de données relationnelles, qui sont les plus utilisées dans les applications web.

- **Table** : Une base de données est composée de tables, qui ressemblent à des feuilles de calcul avec des lignes et des colonnes. Chaque table stocke des informations spécifiques, telles que des utilisateurs, des produits ou des commandes.
- **Enregistrement (Row)** : Chaque ligne dans une table représente un enregistrement unique. Par exemple, dans une table des utilisateurs, chaque ligne pourrait représenter un utilisateur avec ses informations personnelles.
- **Colonnes (Fields)** : Les colonnes définissent les types d'informations contenues dans une table. Par exemple, une

table des utilisateurs pourrait avoir des colonnes comme id, nom, email, et mot_de_passe.

- **Clé primaire** : Chaque table a généralement une colonne qui identifie de manière unique chaque enregistrement. Cette colonne est appelée **clé primaire** (Primary Key).
- **Clé étrangère** : Lorsqu'une table fait référence à une autre table, elle utilise une clé étrangère (Foreign Key) pour établir une relation entre les deux tables.
- **SQL (Structured Query Language)** : Il s'agit du langage utilisé pour interagir avec les bases de données relationnelles. Les opérations courantes comme l'insertion, la mise à jour, la suppression et la requête des données se font à l'aide de commandes SQL.

EXEMPLE D'UNE TABLE Utilisateurs (Users)

id	nom	email	mot_de_passe
1	Jules	jules@example.com	jules123
2	Marie	marie@example.com	marie456

6.2. Qu'est-ce que JDBC ?

JDBC EST L'API STANDARD de Java pour interagir avec des bases de données relationnelles. Il offre un ensemble de classes et d'interfaces permettant de :

- Se connecter à une base de données,
- Exécuter des requêtes SQL,
- Récupérer et traiter des résultats,
- Gérer les erreurs liées aux bases de données.

L'architecture JDBC repose sur un modèle en plusieurs étapes, qui inclut l'ouverture d'une connexion à la base de données, l'exécution de requêtes SQL et la fermeture de la connexion.

Architecture JDBC en Bref :

1. Charger le pilote de base de données.
2. Obtenir une connexion à la base de données.
3. Créer une requête SQL.
4. Exécuter la requête.
5. Récupérer les résultats (si applicable).
6. Fermer la connexion et les ressources.

6.3. Installation du Pilote JDBC

POUR SE CONNECTER À une base de données spécifique, comme MySQL ou PostgreSQL, vous devez inclure dans votre projet Java le **pilote JDBC** de cette base de données. Ces pilotes sont généralement fournis sous forme de fichiers **JAR**.

Ajout du Pilote JDBC pour MySQL

Si vous utilisez MySQL, vous pouvez télécharger le pilote depuis le site officiel de MySQL[1]. Une fois téléchargé, ajoutez le fichier **JAR** au classpath de votre projet.

6.4. Connexion à une Base de Données avec JDBC

UNE FOIS LE PILOTE JDBC ajouté à votre projet, vous pouvez établir une connexion à la base de données. Voici les étapes pour se connecter à une base de données MySQL :

---

1. https://dev.mysql.com/downloads/connector/j/

Exemple de Connexion à MySQL :

```
import java.sql.Connection;

import java.sql.DriverManager;

import java.sql.SQLException;

public class DatabaseConnection {

private static final String URL = "jdbc:mysql://localhost:3306/nom_de_la_base_de_donnees";

private static final String USER = "nom_utilisateur";

private static final String PASSWORD = "mot_de_passe";

public static Connection getConnection() {

Connection connection = null;

try {

// Charger le pilote MySQL

Class.forName("com.mysql.cj.jdbc.Driver");

// Établir la connexion

connection = DriverManager.getConnection(URL, USER, PASSWORD);

System.out.println("Connexion réussie !");

} catch (ClassNotFoundException e) {

System.out.println("Pilote JDBC non trouvé.");

e.printStackTrace();

} catch (SQLException e) {

System.out.println("Erreur de connexion à la base de données.");

e.printStackTrace();

}
```

```
return connection;
}
}
```

DANS CET EXEMPLE, NOUS utilisons la méthode **DriverManager.getConnection()** pour établir une connexion avec la base de données MySQL. Assurez-vous de remplacer les valeurs des constantes **URL**, **USER**, et **PASSWORD** par les informations correctes de votre base de données.

6.5. Exécution des Requêtes SQL avec JDBC

UNE FOIS CONNECTÉ À la base de données, vous pouvez exécuter des requêtes SQL pour insérer, mettre à jour, supprimer ou récupérer des données. JDBC offre trois types principaux d'instructions SQL :

1. **Statement** : Utilisé pour des requêtes simples sans paramètres.
2. **PreparedStatement** : Utilisé pour des requêtes paramétrées et est plus sécurisé contre les attaques d'injection SQL.
3. **CallableStatement** : Utilisé pour exécuter des procédures stockées.

6.5.1. Insérer des Données avec PreparedStatement

VOICI UN EXEMPLE D'INSERTION d'un utilisateur dans une table Users à l'aide d'un **PreparedStatement**.

```
import java.sql.Connection;
import java.sql.PreparedStatement;
import java.sql.SQLException;
public class UserDAO {
```

```
public static void insertUser(String nom, String email, String motDePasse) {
String sql = "INSERT INTO Users (nom, email, mot_de_passe) VALUES (?, ?, ?)";
try (Connection connection = DatabaseConnection.getConnection();
PreparedStatement statement = connection.prepareStatement(sql)) {
statement.setString(1, nom);
statement.setString(2, email);
statement.setString(3, motDePasse);
int rowsInserted = statement.executeUpdate();
if (rowsInserted > 0) {
System.out.println("Utilisateur inséré avec succès !");
}
} catch (SQLException e) {
System.out.println("Erreur lors de l'insertion de l'utilisateur.");
e.printStackTrace();
}
}
}
```

DANS CET EXEMPLE :

- Nous utilisons un **PreparedStatement** pour insérer les valeurs dans la table.
- **setString()** remplit les valeurs des paramètres **?** dans la requête SQL.
- **executeUpdate()** exécute la requête et retourne le nombre de lignes affectées.

6.5.2. Lire des Données avec ResultSet

POUR LIRE DES DONNÉES depuis une base de données, vous pouvez exécuter une requête de type SELECT et utiliser un **ResultSet** pour parcourir les résultats.

```
import java.sql.Connection;
import java.sql.PreparedStatement;
import java.sql.ResultSet;
import java.sql.SQLException;
public class UserDAO {
public static void getAllUsers() {
String sql = "SELECT * FROM Users";
try (Connection connection = DatabaseConnection.getConnection();
PreparedStatement statement = connection.prepareStatement(sql);
ResultSet resultSet = statement.executeQuery()) {
while (resultSet.next()) {
int id = resultSet.getInt("id");
String nom = resultSet.getString("nom");
String email = resultSet.getString("email");
System.out.println("ID: " + id + ", Nom: " + nom + ", Email: " + email);
}
} catch (SQLException e) {
System.out.println("Erreur lors de la récupération des utilisateurs.");
e.printStackTrace();
}
```

```
}
}
```

- **executeQuery()** est utilisé pour exécuter des requêtes SELECT.
- **ResultSet** est une interface qui permet de parcourir les résultats de la requête.

6.6. Gestion des Transactions

DANS CERTAINS CAS, il est nécessaire de regrouper plusieurs opérations SQL sous forme de **transaction**. Une transaction garantit que toutes les opérations sont effectuées avec succès ou que, si une erreur survient, toutes les modifications sont annulées.

Voici comment utiliser les transactions avec JDBC :

```
public void transactionExample() {

try (Connection connection = DatabaseConnection.getConnection()) {

// Désactiver l'auto-commit

connection.setAutoCommit(false);

// Exécuter plusieurs requêtes

PreparedStatement statement1 = connection.prepareStatement("UPDATE Users SET email = ? WHERE id = ?");

statement1.setString(1, "nouvel.email@example.com");

statement1.setInt(2, 1);

statement1.executeUpdate();

PreparedStatement statement2 = connection.prepareStatement("DELETE FROM Users WHERE id = ?");
```

```
statement2.setInt(1, 2);
statement2.executeUpdate();
// Si tout est bon, commit la transaction
connection.commit();
} catch (SQLException e) {
System.out.println("Erreur dans la transaction, rollback.");
try {
// Annuler les modifications si une erreur survient
connection.rollback();
} catch (SQLException rollbackException) {
rollbackException.printStackTrace();
}
}
}
```

DANS CE CHAPITRE, NOUS avons exploré les bases des bases de données relationnelles et la manière dont JDBC permet à Java de se connecter et d'interagir avec une base de données. Nous avons appris à établir une connexion, exécuter des requêtes SQL et gérer les transactions. Ces compétences sont essentielles pour développer des applications web capables de manipuler efficacement des données.

Chapitre 7 : Serveur SQL et Requêtes

Dans ce chapitre, nous allons plonger dans la gestion des bases de données avec un serveur SQL, et apprendre à exécuter des requêtes SQL complexes. Le SQL (Structured Query Language) est le langage standard pour interagir avec les bases de données relationnelles. Grâce à ce chapitre, vous serez en mesure d'intégrer vos applications Java avec un serveur SQL et d'effectuer les opérations courantes telles que la gestion des données avec des requêtes SQL complexes.

7.1. Qu'est-ce qu'un Serveur SQL ?

UN SERVEUR SQL EST une base de données relationnelle qui stocke et gère des informations. Les bases de données stockées sur le serveur peuvent être accessibles via des requêtes SQL envoyées depuis un client (comme une application Java). Voici quelques éléments clés à comprendre concernant un serveur SQL :

- **SGBD (Système de Gestion de Base de Données)** : Il s'agit du logiciel qui permet la gestion des bases de données sur le serveur. MySQL, PostgreSQL, et Microsoft SQL Server sont des exemples populaires de SGBD.
- **Tables Relationnelles** : Comme mentionné dans le chapitre précédent, les tables sont des entités centrales dans les bases de données SQL. Chaque table contient des lignes (enregistrements) et des colonnes (champs).
- **Langage SQL** : Le SQL est utilisé pour gérer les données dans la base de données. Il permet d'exécuter des instructions comme SELECT, INSERT, UPDATE, DELETE, ainsi que des instructions plus complexes comme les jointures et les

sous-requêtes.

7.2. Connexion à un Serveur SQL avec Java

NOUS ALLONS MAINTENANT nous connecter à un serveur SQL en utilisant JDBC dans notre application Java. Le processus est similaire à celui que nous avons vu pour la connexion à une base de données MySQL dans le chapitre précédent.

```
import java.sql.Connection;

import java.sql.DriverManager;

import java.sql.SQLException;

public class SQLServerConnection {

private static final String URL = "jdbc:mysql://localhost:3306/
nom_de_la_base_de_donnees";

private static final String USER = "utilisateur";

private static final String PASSWORD = "mot_de_passe";

public static Connection getConnection() {

Connection connection = null;

try {

// Charger le pilote JDBC

Class.forName("com.mysql.cj.jdbc.Driver");

// Établir la connexion

connection = DriverManager.getConnection(URL, USER, PASSWORD);

System.out.println("Connexion au serveur SQL réussie !");

} catch (ClassNotFoundException e) {

System.out.println("Pilote JDBC non trouvé.");
```

```
e.printStackTrace();
} catch (SQLException e) {
System.out.println("Erreur de connexion au serveur SQL.");
e.printStackTrace();
}
return connection;
}
}
```

DANS CET EXEMPLE, NOUS utilisons la bibliothèque JDBC pour établir une connexion avec une base de données MySQL, mais ce même processus peut être adapté à d'autres serveurs SQL comme PostgreSQL en remplaçant le pilote JDBC.

7.3. Exécution des Requêtes SQL

L'UNE DES RAISONS POUR lesquelles SQL est si populaire est qu'il permet aux développeurs d'exécuter des requêtes complexes sur la base de données. Voici quelques-unes des opérations les plus courantes que vous pouvez effectuer avec SQL.

7.3.1. Requête de Sélection (SELECT)

LES REQUÊTES SELECT sont utilisées pour récupérer des données dans une ou plusieurs tables de la base de données. Voyons comment nous pouvons récupérer toutes les informations sur les utilisateurs dans une table Users :

```
import java.sql.Connection;
import java.sql.ResultSet;
```

```
import java.sql.Statement;

public class SelectQueryExample {

public static void main(String[] args) {

Connection connection = SQLServerConnection.getConnection();

try {

Statement statement = connection.createStatement();

String query = "SELECT * FROM Users";

ResultSet resultSet = statement.executeQuery(query);

while (resultSet.next()) {

System.out.println("ID: " + resultSet.getInt("id"));

System.out.println("Nom: " + resultSet.getString("nom"));

System.out.println("Email: " + resultSet.getString("email"));

}

} catch (SQLException e) {

e.printStackTrace();

}

}

}
```

DANS CET EXEMPLE, NOUS utilisons une requête SELECT pour récupérer tous les enregistrements dans la table Users. L'API JDBC nous permet de parcourir les résultats avec l'objet ResultSet.

7.3.2. Insertion des Données (INSERT)

UNE REQUÊTE INSERT permet d'ajouter de nouveaux enregistrements dans une table. Par exemple, nous pouvons ajouter un nouvel utilisateur à la table Users :

```
import java.sql.Connection;

import java.sql.PreparedStatement;

public class InsertQueryExample {

public static void main(String[] args) {

Connection connection = SQLServerConnection.getConnection();

try {

String query = "INSERT INTO Users (nom, email, mot_de_passe) VALUES (?, ?, ?)";

PreparedStatement preparedStatement = connection.prepareStatement(query);

preparedStatement.setString(1, "John Doe");

preparedStatement.setString(2, "john.doe@example.com");

preparedStatement.setString(3, "password123");

int rowsAffected = preparedStatement.executeUpdate();

if (rowsAffected > 0) {

System.out.println("Nouvel utilisateur inséré avec succès.");

}

} catch (SQLException e) {

e.printStackTrace();

}

}

}
```

ICI, NOUS UTILISONS une requête paramétrée avec PreparedStatement pour insérer un nouvel enregistrement. Ce type de requête est plus sûr que les requêtes Statement car il permet d'éviter les attaques par injection SQL.

7.4. Mises à Jour et Suppression de Données

LES REQUÊTES UPDATE et DELETE permettent de modifier et de supprimer des enregistrements dans une base de données.

7.4.1. Mise à Jour (UPDATE)

```
STRING QUERY = "UPDATE Users SET email = ? WHERE id = ?";

PreparedStatement preparedStatement = connection.prepareStatement(query);

preparedStatement.setString(1, "nouvel.email@example.com");

preparedStatement.setInt(2, 1); // Met à jour l'utilisateur avec l'ID 1

preparedStatement.executeUpdate();
```

7.4.2. Suppression (DELETE)

```
STRING QUERY = "DELETE FROM Users WHERE id = ?";

PreparedStatement preparedStatement = connection.prepareStatement(query);

preparedStatement.setInt(1, 3); // Supprime l'utilisateur avec l'ID 3

preparedStatement.executeUpdate();
```

CES DEUX EXEMPLES MONTRENT comment modifier ou supprimer des enregistrements spécifiques de la base de données.

7.5. Optimisation des Requêtes SQL

LORSQUE VOUS TRAVAILLEZ avec de grandes bases de données, il est important d'optimiser vos requêtes pour améliorer les performances. Voici quelques conseils pour l'optimisation SQL :

- **Utilisation des Index** : Les index permettent d'accélérer les requêtes en permettant une recherche plus rapide des enregistrements dans les grandes tables.
- **Éviter les Requêtes Complexes** : Il est préférable de limiter les requêtes avec des sous-requêtes imbriquées ou trop de jointures, car cela peut ralentir les performances.
- **Limiter le Nombre de Résultats** : Utilisez des clauses LIMIT ou OFFSET pour limiter le nombre de lignes retournées par vos requêtes et réduire la charge sur la base de données.

Dans ce chapitre, nous avons appris à nous connecter à un serveur SQL depuis Java et à exécuter des requêtes SQL telles que SELECT, INSERT, UPDATE, et DELETE. Vous avez également découvert quelques techniques d'optimisation pour améliorer les performances des requêtes. Ces compétences sont cruciales pour la gestion efficace des bases de données dans une application web.

Chapitre 8 : Utilisation des JSP (JavaServer Pages) pour des Applications Web Dynamiques

Les **JavaServer Pages (JSP)** sont un outil essentiel pour générer dynamiquement des pages web avec Java. Contrairement aux Servlets, qui sont principalement utilisés pour gérer la logique métier et le traitement côté serveur, les JSP sont spécifiquement conçus pour créer des interfaces utilisateurs dynamiques avec HTML, CSS, et JavaScript tout en intégrant des fonctionnalités Java.

8.1. Qu'est-ce qu'une JSP ?

UNE **JSP** est un fichier qui combine du code HTML avec du code Java, permettant ainsi de générer du contenu dynamique côté serveur avant de l'envoyer au client (navigateur). Les JSP fonctionnent de manière similaire à des Servlets, mais elles sont plus adaptées à la gestion des interfaces utilisateurs grâce à leur capacité à intégrer du code Java directement dans le balisage HTML.

Structure de base d'une JSP

Un fichier JSP contient généralement :

- **Du code HTML** : Pour structurer la page web.
- **Des expressions Java** : Pour intégrer des valeurs dynamiques, comme des variables ou des résultats de calculs.
- **Des directives JSP** : Pour inclure d'autres fichiers ou gérer des paramètres spécifiques.

Exemple simple d'une page **JSP** :

```
<%@ page language="java" contentType="text/html; charset=UTF-8" %>

<html>

<head>

<title>Ma première page JSP</title>

</head>

<body>

<h1>Bienvenue sur la page JSP</h1>

<p>Heure actuelle : <%= new java.util.Date() %></p>

</body>

</html>
```

DANS CET EXEMPLE :

- La directive **<%@ page %>** définit des paramètres pour la page JSP (comme le type de contenu ou la langue utilisée).
- L'expression Java **<%= ... %>** est utilisée pour afficher la date actuelle.

8.2. Cycle de Vie d'une JSP

LE CYCLE DE VIE D'UNE JSP est similaire à celui d'une Servlet, avec quelques étapes supplémentaires :

1. **Compilation** : Lorsqu'une page JSP est accédée pour la première fois, elle est compilée en Servlet par le moteur JSP (comme Tomcat).
2. **Initialisation** : La JSP compilée est initialisée pour répondre aux requêtes entrantes.

3. **Exécution** : Pour chaque requête, la JSP génère une réponse dynamique en exécutant le code Java intégré.
4. **Destruction** : Lorsque l'application web est arrêtée, la JSP est détruite.

8.3. Expressions, Scriptlets et Directives JSP

8.3.1. Les Expressions JSP

LES EXPRESSIONS JSP permettent d'insérer directement des valeurs Java dans la page HTML. Elles sont entourées par **<%= ... %>** et sont utilisées pour afficher des données calculées ou récupérées depuis des objets Java.

Exemple d'expression JSP pour afficher le nom d'un utilisateur :

```
<p>Nom de l'utilisateur : <%= utilisateur.getNom() %></p>
```

8.3.2. Les Scriptlets JSP

LES **scriptlets** permettent d'insérer des blocs de code Java dans une page JSP. Un scriptlet est entouré de **<% ... %>** et peut contenir n'importe quelle instruction Java valide.

Exemple d'utilisation d'un scriptlet pour afficher un message en fonction de l'heure de la journée :

```
<%
int heure = new java.util.Date().getHours();
if (heure < 12) {
out.println("Bonjour !");
} else {
```

```
out.println("Bon après-midi !");
}
%>
```

8.3.3. Les Directives JSP

LES DIRECTIVES JSP fournissent des informations au conteneur JSP sur la manière de gérer la page. Voici quelques-unes des directives les plus courantes :

- **<%@ page %>** : Configure des paramètres spécifiques pour la page (comme la gestion des exceptions, l'encodage, etc.).
- **<%@ include %>** : Inclut un autre fichier JSP ou HTML dans la page actuelle.
- **<%@ taglib %>** : Permet l'utilisation de bibliothèques de balises personnalisées (comme JSTL).

Exemple d'inclusion d'un fichier JSP externe :

```
<%@ include file="header.jsp" %>
```

8.4. Gestion des Formulaires avec JSP

LES JSP SONT SOUVENT utilisées pour traiter des formulaires soumis par l'utilisateur. Lorsqu'un formulaire HTML est soumis, les données sont envoyées au serveur et peuvent être traitées dans une page JSP.

8.4.1. Créer un Formulaire HTML

VOICI UN EXEMPLE DE formulaire HTML pour la connexion d'un utilisateur :

```
<form action="login.jsp" method="post">

<label for="username">Nom d'utilisateur :</label>

<input type="text" name="username" id="username">

<label for="password">Mot de passe :</label>

<input type="password" name="password" id="password">

<button type="submit">Connexion</button>

</form>
```

8.4.2. Traitement des Données du Formulaire en JSP

LA PAGE **login.jsp** peut ensuite traiter les données du formulaire avec des expressions ou des scriptlets JSP. Par exemple, vous pouvez récupérer le nom d'utilisateur et le mot de passe soumis et les vérifier.

```
<%@ page language="java" contentType="text/html; charset=UTF-8" %>

<html>

<head>

<title>Connexion</title>

</head>

<body>

<%

String username = request.getParameter("username");

String password = request.getParameter("password");
```

```
if (username.equals("admin") && password.equals("admin123")) {
out.println("Connexion réussie. Bienvenue, " + username + " !");
} else {
out.println("Échec de la connexion. Veuillez réessayer.");
}
%>
</body>
</html>
```

DANS CET EXEMPLE, LES paramètres envoyés via le formulaire sont récupérés avec **request.getParameter()**, puis vérifiés dans le code Java intégré.

8.5. Utilisation des JavaBeans avec JSP

LES **JavaBeans** sont des classes Java qui suivent certaines conventions (comme l'utilisation de méthodes getter et setter). Ils sont souvent utilisés avec JSP pour encapsuler les données et la logique métier.

8.5.1. Création d'un JavaBean

VOICI UN EXEMPLE SIMPLE de JavaBean pour représenter un utilisateur :

```
public class Utilisateur {
private String nom;
private String email;
// Constructeur par défaut
public Utilisateur() {}
```

```
// Getters et Setters
public String getNom() {
return nom;
}
public void setNom(String nom) {
this.nom = nom;
}
public String getEmail() {
return email;
}
public void setEmail(String email) {
this.email = email;
}
}
```

8.5.2. Utilisation d'un JavaBean dans une JSP

DANS UNE PAGE JSP, vous pouvez utiliser la directive **<jsp:useBean>** pour instancier un JavaBean et lier ses propriétés aux paramètres du formulaire ou aux données d'une base de données.

```
<jsp:useBean id="utilisateur" class="com.example.Utilisateur" scope="request" />
<jsp:setProperty name="utilisateur" property="*" />
<p>Bienvenue, <jsp:getProperty name="utilisateur" property="nom" /> !</p>
```

DANS CET EXEMPLE :

- **<jsp:useBean>** crée une instance du JavaBean **Utilisateur**.
- **<jsp:setProperty>** permet de définir les propriétés du bean à partir des paramètres de la requête.
- **<jsp:getProperty>** est utilisé pour accéder aux propriétés du bean.

8.6. Gestion des Erreurs et des Exceptions dans JSP

LES JSP PEUVENT ÉGALEMENT gérer les erreurs et les exceptions. Il est possible de définir des pages d'erreurs spécifiques dans le fichier **web.xml**, ou d'utiliser les blocs **try-catch** directement dans la page JSP.

Exemple de Gestion des Erreurs avec web.xml

Voici un exemple de configuration d'une page d'erreur dans le fichier **web.xml** pour gérer les exceptions générales :

```
<error-page>

<exception-type>java.lang.Exception</exception-type>

<location>/erreur.jsp</location>

</error-page>
```

LORSQUE N'IMPORTE QUELLE exception non gérée se produit, la page **erreur.jsp** sera affichée à l'utilisateur.

Dans ce chapitre, nous avons exploré l'utilisation des **JSP** (**JavaServer Pages**) pour créer des interfaces utilisateur dynamiques dans les applications Web Java. Nous avons appris à utiliser des expressions, des scriptlets, et des directives JSP pour intégrer du code Java dans les pages HTML. Nous avons également vu comment traiter les formulaires et utiliser des **JavaBeans** pour encapsuler les données.

Chapitre 9 : Utilisation des Servlets Java dans les Applications Web

Les **Servlets Java** sont une technologie clé dans le développement d'applications web Java, permettant de traiter les requêtes et les réponses HTTP côté serveur. Une **Servlet** est une classe Java qui peut être déployée sur un serveur d'applications (comme Tomcat) et qui permet de créer des applications web dynamiques. Contrairement aux JSP, qui se concentrent principalement sur la présentation, les Servlets gèrent la logique métier et contrôlent les interactions avec le client via HTTP.

9.1. Qu'est-ce qu'une Servlet ?

UNE **Servlet** est un composant Java côté serveur qui interagit avec les clients via le protocole HTTP. Elle permet de gérer des requêtes, traiter des formulaires, interagir avec des bases de données, et générer des réponses dynamiques. Les Servlets sont souvent utilisées pour gérer des tâches complexes côté serveur, tandis que JSP est utilisé pour le rendu de l'interface utilisateur.

Les Servlets suivent un cycle de vie bien défini qui comprend :

1. **Initialisation** avec la méthode init().
2. **Traitement des requêtes** via la méthode service() ou des méthodes spécifiques comme doGet() et doPost().
3. **Destruction** avec la méthode destroy().

9.2. Cycle de Vie d'une Servlet

VOICI LES ÉTAPES PRINCIPALES du cycle de vie d'une Servlet :

1. **Chargement et initialisation** : Lorsqu'une Servlet est appelée pour la première fois, le serveur d'applications la charge et appelle la méthode **init**(). Cette méthode permet d'effectuer les opérations d'initialisation (comme la création de connexions de base de données ou la configuration de variables).
2. **Traitement des requêtes** : Une fois initialisée, la Servlet peut traiter plusieurs requêtes. Chaque requête est traitée via la méthode **service**(), qui appelle les méthodes spécifiques comme **doGet**() ou **doPost**(), en fonction du type de requête HTTP reçue.
3. **Destruction** : Lorsque la Servlet n'est plus nécessaire, le serveur appelle la méthode **destroy**(), libérant ainsi toutes les ressources allouées.

9.3. Création d'une Servlet Simple

CRÉONS UNE SERVLET simple qui répond à une requête HTTP en affichant un message dans le navigateur.

Étape 1 : Créer une Servlet

1. Dans votre projet Eclipse, faites un clic droit sur le dossier **src/main/java** et sélectionnez **New > Servlet**.
2. Donnez à la Servlet le nom **HelloServlet**.

Voici un exemple de code pour la Servlet **HelloServlet** :

```
import java.io.IOException;

import javax.servlet.ServletException;

import javax.servlet.annotation.WebServlet;

import javax.servlet.http.HttpServlet;
```

```
import javax.servlet.http.HttpServletRequest;

import javax.servlet.http.HttpServletResponse;

@WebServlet("/hello")

public class HelloServlet extends HttpServlet {

private static final long serialVersionUID = 1L;

protected void doGet(HttpServletRequest request, HttpServletResponse response)

throws ServletException, IOException {

response.setContentType("text/html");

response.getWriter().println("<h1>Bonjour, bienvenue sur notre première Servlet Java !</h1>");

}

}
```

Étape 2 : Déployer la Servlet sur Tomcat

1. Assurez-vous que **Tomcat** est configuré dans Eclipse.
2. Lancez Tomcat et accédez à l'URL suivante dans votre navigateur :
   http://localhost:8080/votre_projet/hello.
3. Vous devriez voir le message **"Bonjour, bienvenue sur notre première Servlet Java !"** s'afficher dans le navigateur.

9.4. Gérer les Requêtes HTTP avec les Méthodes doGet() et doPost()

LES **Servlets** sont souvent utilisées pour gérer des formulaires ou des requêtes HTTP de type GET ou POST. Les méthodes **doGet()** et **doPost()** sont utilisées pour traiter ces différents types de requêtes :

- **doGet()** : Utilisée pour gérer les requêtes HTTP GET,

généralement lorsque des informations sont demandées via une URL ou des paramètres de requête.

- **doPost()** : Utilisée pour gérer les requêtes HTTP POST, qui envoient des données au serveur (par exemple, lorsqu'un formulaire est soumis).

Exemple de Servlet utilisant doPost()

Créons un formulaire HTML simple et une Servlet qui traite les données soumises via la méthode POST.

Formulaire HTML

```
<form action="login" method="post">

<label for="username">Nom d'utilisateur :</label>

<input type="text" name="username" id="username">

<label for="password">Mot de passe :</label>

<input type="password" name="password" id="password">

<button type="submit">Connexion</button>

</form>
```

SERVLET POUR TRAITER le Formulaire

```
*import java.io.IOException;

import javax.servlet.ServletException;

import javax.servlet.annotation.WebServlet;

import javax.servlet.http.HttpServlet;

import javax.servlet.http.HttpServletRequest;

import javax.servlet.http.HttpServletResponse;
```

```
@WebServlet("/login")

public class LoginServlet extends HttpServlet {

private static final long serialVersionUID = 1L;

protected void doPost(HttpServletRequest request, HttpServletResponse response)

throws ServletException, IOException {

String username = request.getParameter("username");

String password = request.getParameter("password");

if (username.equals("admin") && password.equals("admin123")) {

response.getWriter().println("<h1>Connexion réussie ! Bienvenue, " + username + ".</h1>");

} else {

response.getWriter().println("<h1>Échec de la connexion. Veuillez réessayer.</h1>");

}

}

}
```

DANS CET EXEMPLE :

- Le formulaire est soumis à la Servlet **LoginServlet**.
- La Servlet récupère les paramètres **username** et **password** via **request.getParameter()**, puis valide les informations.

9.5. Gestion des Sessions et Cookies

LES SERVLETS PEUVENT également gérer des **sessions utilisateurs** et des **cookies**. Les sessions permettent de stocker des informations spécifiques à l'utilisateur sur le serveur, comme les identifiants de connexion ou les préférences utilisateur, qui persistent tout au long de la session de l'utilisateur.

9.5.1. Gestion des Sessions

POUR GÉRER UNE SESSION utilisateur dans une Servlet, vous pouvez utiliser l'objet **HttpSession**. Voici un exemple où nous stockons le nom d'utilisateur dans la session après une connexion réussie :

```
IMPORT JAVAX.SERVLET.http.HttpSession;

protected void doPost(HttpServletRequest request, HttpServletResponse response)

throws ServletException, IOException {

String username = request.getParameter("username");

String password = request.getParameter("password");

if (username.equals("admin") && password.equals("admin123")) {

// Créer ou récupérer une session

HttpSession session = request.getSession();

session.setAttribute("username", username);

response.getWriter().println("<h1>Connexion réussie ! Bienvenue, " + username +
".</h1>");

} else {

response.getWriter().println("<h1>Échec de la connexion. Veuillez
réessayer.</h1>");

}

}
```

9.5.2. Utilisation des Cookies

LES **cookies** sont des petits fichiers stockés sur le navigateur de l'utilisateur, souvent utilisés pour suivre les informations de session ou stocker des préférences.

Voici un exemple d'ajout d'un cookie dans une Servlet après une connexion :

```
import javax.servlet.http.Cookie;

protected void doPost(HttpServletRequest request, HttpServletResponse response)

throws ServletException, IOException {

String username = request.getParameter("username");

if (username.equals("admin")) {

// Créer un cookie

Cookie userCookie = new Cookie("username", username);

userCookie.setMaxAge(60 * 60); // Le cookie expire dans une heure

response.addCookie(userCookie);

response.getWriter().println("Bienvenue, " + username + ". Cookie enregistré.");

}

}
```

9.6. Intégration des Servlets et JSP

LES SERVLETS ET LES JSP fonctionnent souvent ensemble pour créer des applications Web robustes. Une approche courante consiste à utiliser des Servlets pour traiter la logique métier et des JSP pour afficher le contenu à l'utilisateur. Une **Servlet** peut transférer le contrôle à une **JSP** en utilisant **RequestDispatcher**.

Exemple d'Intégration Servlet-JSP

Imaginons que nous ayons une Servlet qui traite les données d'un formulaire de connexion, puis transfère l'utilisateur à une page JSP en fonction du résultat de la connexion.

Servlet :

```
protected void doPost(HttpServletRequest request, HttpServletResponse response)

throws ServletException, IOException {

String username = request.getParameter("username");

String password = request.getParameter("password");

if (username.equals("admin") && password.equals("admin123")) {

request.setAttribute("username", username);

request.getRequestDispatcher("/welcome.jsp").forward(request, response);

} else {

request.getRequestDispatcher("/error.jsp").forward(request, response);

}

}
```

DANS CET EXEMPLE :

- Si la connexion réussit, la Servlet transfère l'utilisateur à la page **welcome.jsp**.
- En cas d'échec, l'utilisateur est redirigé vers **error.jsp**.

Dans ce chapitre, nous avons exploré l'utilisation des **Servlets Java** dans les applications web. Nous avons appris à gérer les requêtes HTTP avec **doGet()** et **doPost()**, à utiliser les sessions et les cookies, ainsi qu'à intégrer les Servlets avec les **JSP** pour créer des applications Web dynamiques et interactives.

Chapitre 10 : Gestion des Opérations CRUD avec JDBC

L'implémentation des opérations **CRUD** (Create, Read, Update, Delete) est une tâche centrale dans toute application web qui nécessite une interaction avec une base de données. Ces opérations permettent de créer de nouveaux enregistrements dans la base de données, de lire des données existantes, de les modifier et, enfin, de les supprimer.

Dans ce chapitre, nous allons créer un système CRUD complet en utilisant JDBC pour interagir avec une base de données MySQL. Nous allons également explorer les meilleures pratiques pour chaque opération, en nous assurant que le code est sécurisé et optimisé.

10.1. Présentation du Modèle CRUD

LES OPÉRATIONS CRUD forment le cœur de toute application de gestion de données. Chaque lettre représente une opération sur les données :

- **C (Create)** : Insertion de nouvelles données dans une table de la base de données.
- **R (Read)** : Lecture des données depuis une table, souvent via des requêtes SQL SELECT.
- **U (Update)** : Mise à jour des données existantes dans une table.
- **D (Delete)** : Suppression des données d'une table.

Chaque opération CRUD peut être exécutée en utilisant JDBC dans une application Java.

10.2. Création de la Base de Données et de la Table

AVANT D'IMPLÉMENTER les opérations CRUD, nous devons créer une base de données et une table dans MySQL. Voici comment créer une table appelée Users qui stocke des informations sur les utilisateurs.

Requête SQL pour Créer la Table Users

```
CREATE DATABASE GestionUtilisateurs;

USE GestionUtilisateurs;

CREATE TABLE Users (

id INT AUTO_INCREMENT PRIMARY KEY,

nom VARCHAR(50),

email VARCHAR(100),

mot_de_passe VARCHAR(100)

);
```

CETTE TABLE CONTIENT trois colonnes principales :

- **id** : Un identifiant unique pour chaque utilisateur.
- **nom** : Le nom de l'utilisateur.
- **email** : L'adresse email de l'utilisateur.
- **mot_de_passe** : Le mot de passe de l'utilisateur.

10.3. Opération Create (Insertion)

L'OPÉRATION **Create** consiste à insérer de nouvelles données dans la table Users. Pour cela, nous utiliserons un **PreparedStatement** pour protéger l'application contre les attaques par injection SQL et assurer la sécurité des données.

Code pour Insérer un Utilisateur avec JDBC

```
import java.sql.Connection;

import java.sql.PreparedStatement;

import java.sql.SQLException;

public class UserDAO {

public static void insertUser(String nom, String email, String motDePasse) {

String sql = "INSERT INTO Users (nom, email, mot_de_passe) VALUES (?, ?, ?)";

try (Connection connection = DatabaseConnection.getConnection();

PreparedStatement statement = connection.prepareStatement(sql)) {

statement.setString(1, nom);

statement.setString(2, email);

statement.setString(3, motDePasse);

int rowsInserted = statement.executeUpdate();

if (rowsInserted > 0) {

System.out.println("Nouvel utilisateur inséré avec succès !");

}

} catch (SQLException e) {

System.out.println("Erreur lors de l'insertion de l'utilisateur.");

e.printStackTrace();
```

```
}
}
}
```

DANS CET EXEMPLE :

- **PreparedStatement** est utilisé pour exécuter la requête SQL avec des paramètres de manière sécurisée.
- Les paramètres **nom**, **email**, et **mot_de_passe** sont fournis par l'utilisateur et insérés dans la table Users.

10.4. Opération Read (Lecture des Données)

L'OPÉRATION **Read** permet de lire les données dans la table Users. Cela est réalisé à l'aide d'une requête **SELECT** pour récupérer tous les utilisateurs ou un utilisateur spécifique basé sur son ID.

Code pour Lire les Données avec JDBC

```
import java.sql.Connection;
import java.sql.PreparedStatement;
import java.sql.ResultSet;
import java.sql.SQLException;
public class UserDAO {
public static void getAllUsers() {
String sql = "SELECT * FROM Users";
try (Connection connection = DatabaseConnection.getConnection();
PreparedStatement statement = connection.prepareStatement(sql);
ResultSet resultSet = statement.executeQuery()) {
```

```
while (resultSet.next()) {
int id = resultSet.getInt("id");
String nom = resultSet.getString("nom");
String email = resultSet.getString("email");
System.out.println("ID: " + id + ", Nom: " + nom + ", Email: " + email);
}
} catch (SQLException e) {
System.out.println("Erreur lors de la récupération des utilisateurs.");
e.printStackTrace();
}
}
}
```

DANS CET EXEMPLE, NOUS utilisons :

- **PreparedStatement** pour exécuter la requête SELECT.
- **ResultSet** pour parcourir les résultats retournés par la requête et afficher les informations de chaque utilisateur.

10.5. Opération Update (Mise à Jour des Données)

L'OPÉRATION **Update** permet de modifier des données existantes dans une table. Ici, nous allons mettre à jour l'email d'un utilisateur spécifique en utilisant son identifiant unique (ID).

Code pour Mettre à Jour un Utilisateur

```
import java.sql.Connection;

import java.sql.PreparedStatement;

import java.sql.SQLException;

public class UserDAO {

public static void updateUserEmail(int id, String nouvelEmail) {

String sql = "UPDATE Users SET email = ? WHERE id = ?";

try (Connection connection = DatabaseConnection.getConnection();

PreparedStatement statement = connection.prepareStatement(sql)) {

statement.setString(1, nouvelEmail);

statement.setInt(2, id);

int rowsUpdated = statement.executeUpdate();

if (rowsUpdated > 0) {

System.out.println("Email mis à jour avec succès pour l'utilisateur avec l'ID : " + id);

}

} catch (SQLException e) {

System.out.println("Erreur lors de la mise à jour de l'email.");

e.printStackTrace();

}

}

}
```

DANS CET EXEMPLE :

- **PreparedStatement** est utilisé pour la mise à jour de l'email.
- L'utilisateur est identifié par son **ID**.

10.6. Opération Delete (Suppression)

L'OPÉRATION **Delete** permet de supprimer un enregistrement spécifique dans la base de données. Ici, nous allons supprimer un utilisateur à partir de son **ID**.

Code pour Supprimer un Utilisateur

```
import java.sql.Connection;

import java.sql.PreparedStatement;

import java.sql.SQLException;

public class UserDAO {

public static void deleteUser(int id) {

String sql = "DELETE FROM Users WHERE id = ?";

try (Connection connection = DatabaseConnection.getConnection();

PreparedStatement statement = connection.prepareStatement(sql)) {

statement.setInt(1, id);

int rowsDeleted = statement.executeUpdate();

if (rowsDeleted > 0) {

System.out.println("Utilisateur supprimé avec succès !");

}

} catch (SQLException e) {

System.out.println("Erreur lors de la suppression de l'utilisateur.");

e.printStackTrace();

}
```

```
}
}
```

DANS CET EXEMPLE, NOUS utilisons :

- **PreparedStatement** pour exécuter une requête **DELETE** sécurisée.
- L'utilisateur est supprimé en fonction de son **ID**.

10.7. Bonnes Pratiques pour l'Implémentation CRUD avec JDBC

VOICI QUELQUES BONNES pratiques pour améliorer la sécurité et l'efficacité des opérations CRUD avec JDBC :

1. **Utiliser PreparedStatement pour éviter les injections SQL** : Les PreparedStatement protègent contre les attaques par injection SQL en utilisant des paramètres au lieu d'insérer directement des valeurs dans les requêtes.
2. **Gérer les connexions de manière efficace** : Utilisez des connexions courtes et fermez-les immédiatement après utilisation. Vous pouvez également utiliser un pool de connexions pour améliorer les performances.
3. **Gérer les erreurs et exceptions** : Il est crucial d'envelopper les opérations JDBC dans des blocs try-catch pour gérer les exceptions de manière appropriée.
4. **Vérifier les résultats** : Après chaque opération (INSERT, UPDATE, DELETE), vérifiez si l'opération a réellement affecté des lignes en vérifiant la valeur de retour de executeUpdate().

Dans ce chapitre, nous avons appris à implémenter un système de gestion des opérations **CRUD** avec JDBC, permettant d'insérer, lire, mettre à jour et supprimer des enregistrements dans une base de données. Ces compétences sont essentielles pour développer des applications web Java robustes qui interagissent avec une base de données de manière sécurisée et efficace.

Chapitre 11 : Gestion des Transactions et Optimisation des Bases de Données

Dans une application web, il est crucial de garantir que les opérations effectuées sur une base de données sont fiables, cohérentes et optimisées pour de bonnes performances. La gestion des **transactions** est au cœur de cette problématique. Les transactions permettent de regrouper plusieurs opérations de base de données en une seule unité de travail, garantissant ainsi qu'elles soient exécutées avec succès ou annulées en cas d'erreur.

Dans ce chapitre, nous explorerons la manière d'implémenter des transactions en Java avec JDBC et nous aborderons les meilleures pratiques d'optimisation des opérations sur les bases de données.

11.1. Introduction aux Transactions en Base de Données

UNE **transaction** est un ensemble d'opérations SQL qui doivent être exécutées ensemble. Si l'une des opérations échoue, toute la transaction doit être annulée (rollback) pour garantir la cohérence des données. Cela assure que l'application n'introduit pas d'état incohérent dans la base de données.

Les transactions suivent quatre propriétés, souvent appelées **ACID** :

- **Atomicité** : Toutes les opérations d'une transaction sont exécutées ou aucune.
- **Cohérence** : La base de données passe d'un état cohérent à un autre état cohérent après la transaction.
- **Isolation** : Les transactions sont exécutées de manière isolée

les unes des autres.

- **Durabilité** : Une fois validée, une transaction est permanente, même en cas de panne.

11.2. Implémentation des Transactions avec JDBC

JDBC OFFRE DES MÉCANISMES pour gérer les transactions manuellement. Par défaut, JDBC exécute chaque requête SQL dans une transaction distincte, mais nous pouvons désactiver le mode **auto-commit** pour regrouper plusieurs requêtes dans une seule transaction.

Exemple de Transaction JDBC

Supposons que nous ayons une opération complexe où nous devons insérer un utilisateur et enregistrer ses informations de commande dans une autre table. Ces deux actions doivent être effectuées dans une transaction unique pour garantir la cohérence des données.

```
import java.sql.Connection;

import java.sql.PreparedStatement;

import java.sql.SQLException;

public class TransactionExample {

public static void executeTransaction(String nom, String email, String motDePasse, int produitId) {

Connection connection = null;

try {

connection = DatabaseConnection.getConnection();

// Désactiver l'auto-commit pour gérer manuellement la transaction

connection.setAutoCommit(false);
```

```
// Insérer l'utilisateur
String userSql = "INSERT INTO Users (nom, email, mot_de_passe) VALUES (?, ?, ?)";
PreparedStatement userStatement = connection.prepareStatement(userSql);
userStatement.setString(1, nom);
userStatement.setString(2, email);
userStatement.setString(3, motDePasse);
userStatement.executeUpdate();
// Insérer la commande de l'utilisateur
String orderSql = "INSERT INTO Orders (user_email, produit_id) VALUES (?, ?)";
PreparedStatement orderStatement = connection.prepareStatement(orderSql);
orderStatement.setString(1, email);
orderStatement.setInt(2, produitId);
orderStatement.executeUpdate();
// Si tout se passe bien, commit la transaction
connection.commit();
System.out.println("Transaction réussie !");
} catch (SQLException e) {
try {
// En cas d'erreur, rollback la transaction
if (connection != null) {
connection.rollback();
}
System.out.println("Transaction annulée en raison d'une erreur.");
e.printStackTrace();
```

```
} catch (SQLException rollbackException) {
rollbackException.printStackTrace();
}
} finally {
try {
if (connection != null) {
connection.setAutoCommit(true); // Réactiver l'auto-commit
connection.close();
}
} catch (SQLException e) {
e.printStackTrace();
}
}
}
}
```

Dans cet exemple :

- Nous désactivons le mode **auto-commit** avec **setAutoCommit(false)** pour gérer manuellement la transaction.
- Si les deux opérations (insertion d'utilisateur et insertion de commande) réussissent, nous exécutons **commit()** pour valider la transaction.
- En cas d'erreur, nous utilisons **rollback()** pour annuler la transaction.

11.3. Isolation des Transactions

DANS LES SYSTÈMES OÙ plusieurs transactions peuvent être exécutées en parallèle, il est important de garantir que ces transactions n'interfèrent pas les unes avec les autres. JDBC permet de définir différents niveaux d'**isolation** des transactions, qui déterminent la manière dont les transactions concurrentes interagissent.

Les niveaux d'isolation standard sont les suivants :

1. **READ UNCOMMITTED** : Les transactions peuvent lire des données non validées par d'autres transactions (ce qui peut provoquer des lectures sales).
2. **READ COMMITTED** : Une transaction ne peut lire que les données validées par d'autres transactions (empêche les lectures sales).
3. **REPEATABLE READ** : Garantit que les données lues au début d'une transaction ne changent pas avant sa fin (empêche les lectures fantômes).
4. **SERIALIZABLE** : Le niveau d'isolation le plus strict, qui force les transactions à s'exécuter de manière complètement séquentielle.

Définir le Niveau d'Isolation avec JDBC

```
connection.setTransactionIsolation(Connection.TRANSACTION_SERIALIZABLE);
```

CELA GARANTIT QUE LA transaction actuelle est exécutée avec le plus haut niveau d'isolation.

11.4. Optimisation des Requêtes SQL

OPTIMISER LES REQUÊTES SQL est crucial pour améliorer les performances de votre application. Voici quelques techniques courantes pour optimiser les requêtes :

11.4.1. Utilisation des Index

LES **index** sont des structures de données dans les bases de données qui accélèrent les recherches en permettant de trouver plus rapidement les lignes correspondant aux critères de la requête. Il est recommandé d'ajouter des index sur les colonnes fréquemment utilisées dans les clauses WHERE ou les jointures.

11.4.2. Limitation des Données

IL EST IMPORTANT DE limiter le nombre de lignes retournées par les requêtes, surtout lorsque vous travaillez avec de grandes tables. Vous pouvez utiliser des clauses **LIMIT** ou **OFFSET** pour limiter les résultats :

```
SELECT * FROM Users LIMIT 10;
```

Cela retourne uniquement les 10 premiers enregistrements.

11.4.3. Pré-chargement avec JOIN

LORSQUE VOUS DEVEZ récupérer des données de plusieurs tables, il est plus efficace d'utiliser une jointure SQL (**JOIN**) plutôt que d'exécuter plusieurs requêtes distinctes. Cela réduit le nombre de requêtes envoyées à la base de données.

Exemple de requête **JOIN** pour récupérer des utilisateurs avec leurs commandes :

```
SELECT Users.nom, Orders.produit_id
```

```
FROM Users

JOIN Orders ON Users.email = Orders.user_email;
```

11.5. Pool de Connexions pour Améliorer les Performances

L'OUVERTURE ET LA FERMETURE des connexions à une base de données sont des opérations coûteuses en termes de ressources. Pour améliorer les performances des applications à forte charge, il est recommandé d'utiliser un **pool de connexions**.

Un **pool de connexions** est un ensemble de connexions pré-établies avec la base de données, qui sont réutilisées par les clients au lieu d'être ouvertes et fermées à chaque requête.

Il existe plusieurs bibliothèques de **pool de connexions** populaires pour Java, telles que **HikariCP** et **Apache DBCP**.

Exemple d'utilisation de HikariCP

```
import com.zaxxer.hikari.HikariConfig;

import com.zaxxer.hikari.HikariDataSource;

import java.sql.Connection;

import java.sql.SQLException;

public class DatabaseConnection {

private static HikariDataSource dataSource;

static {

HikariConfig config = new HikariConfig();

config.setJdbcUrl("jdbc:mysql://localhost:3306/GestionUtilisateurs");
```

```
config.setUsername("root");
config.setPassword("password");
config.setMaximumPoolSize(10);
dataSource = new HikariDataSource(config);
}
public static Connection getConnection() throws SQLException {
return dataSource.getConnection();
}
}
```

DANS CET EXEMPLE, **HikariCP** est configuré pour créer un pool de connexions à la base de données MySQL. Au lieu d'ouvrir et de fermer une nouvelle connexion à chaque fois, nous réutilisons les connexions à partir du pool, ce qui améliore considérablement les performances.

11.6. Bonnes Pratiques pour la Gestion des Transactions et Optimisation

VOICI QUELQUES BONNES pratiques à garder à l'esprit lors de la gestion des transactions et de l'optimisation des bases de données :

1. **Utilisez toujours des transactions pour regrouper des opérations critiques** : Assurez-vous que les actions critiques qui doivent être exécutées ensemble (comme une insertion suivie d'une mise à jour) sont encapsulées dans une transaction.
2. **Gérez les erreurs de transaction avec rollback** : Si une transaction échoue, assurez-vous de la restaurer à l'état

précédent avec un rollback.

3. **Utilisez des niveaux d'isolation appropriés** : Choisissez un niveau d'isolation en fonction des besoins de votre application. Le niveau **SERIALIZABLE** offre la plus grande sécurité, mais il peut être plus lent.
4. **Optimisez vos requêtes SQL** : Utilisez des index, des jointures et des limites pour améliorer la vitesse des requêtes.
5. **Implémentez un pool de connexions** : Pour les applications à forte charge, l'utilisation d'un pool de connexions est indispensable pour améliorer les performances.

Dans ce chapitre, nous avons exploré la manière d'implémenter et de gérer des transactions en Java avec JDBC, en garantissant la fiabilité et la cohérence des opérations sur les bases de données. Nous avons également vu comment optimiser les requêtes SQL et utiliser un pool de connexions pour améliorer les performances des applications.

Chapitre 12 : Projet Pratique – Création d'une Application Web de Gestion d'Utilisateurs

Dans ce chapitre, nous allons construire une application web complète de gestion d'utilisateurs, mettant en œuvre toutes les techniques que nous avons apprises. Cette application comprendra des fonctionnalités pour ajouter, afficher, mettre à jour, et supprimer des utilisateurs en utilisant **JSP**, **Servlets**, et **JDBC** pour interagir avec une base de données MySQL.

12.1. Objectifs du Projet

L'OBJECTIF DE CE PROJET est de créer une application web de gestion d'utilisateurs avec les fonctionnalités suivantes :

- **Ajouter un utilisateur** : Permettre à un administrateur d'ajouter un nouvel utilisateur à la base de données.
- **Afficher la liste des utilisateurs** : Afficher une liste de tous les utilisateurs présents dans la base de données.
- **Mettre à jour les informations d'un utilisateur** : Modifier les informations d'un utilisateur existant.
- **Supprimer un utilisateur** : Supprimer un utilisateur de la base de données.

L'application utilisera les technologies suivantes :

- **Java EE** : Pour la gestion des Servlets et des JSP.
- **JDBC** : Pour interagir avec une base de données MySQL.
- **HTML/CSS** : Pour l'interface utilisateur.

12.2. Configuration de la Base de Données

NOUS UTILISERONS UNE table Users similaire à celle définie dans les chapitres précédents. Si vous ne l'avez pas déjà créée, voici la requête SQL pour créer la base de données et la table Users.

Requête SQL pour Créer la Table Users

```
CREATE DATABASE GestionUtilisateurs;

USE GestionUtilisateurs;

CREATE TABLE Users (

id INT AUTO_INCREMENT PRIMARY KEY,

nom VARCHAR(50),

email VARCHAR(100),

mot_de_passe VARCHAR(100)

);
```

12.3. Structure de l'Application

L'APPLICATION SERA composée des composants suivants :

- **Formulaires HTML/JSP** : Pour l'entrée des données utilisateur.
- **Servlets** : Pour traiter les requêtes (insertion, mise à jour, suppression, lecture).
- **DAO (Data Access Object)** : Pour interagir avec la base de données via JDBC.
- **Pages JSP** : Pour afficher les résultats à l'utilisateur (par exemple, liste des utilisateurs, formulaires).

12.4. Création des Servlets

NOUS ALLONS CRÉER PLUSIEURS Servlets pour gérer les différentes opérations CRUD. Voici un aperçu de chacune :

12.4.1. Servlet pour Ajouter un Utilisateur

LA PREMIÈRE SERVLET permet à un administrateur d'ajouter un nouvel utilisateur.

Formulaire HTML pour Ajouter un Utilisateur :

```
<form action="addUser" method="post">

<label for="nom">Nom :</label>

<input type="text" id="nom" name="nom" required>

<label for="email">Email :</label>

<input type="email" id="email" name="email" required>

<label for="mot_de_passe">Mot de Passe :</label>
```

```
<input type="password" id="mot_de_passe" name="mot_de_passe" required>
<button type="submit">Ajouter l'utilisateur</button>
</form>
```

SERVLET ADDUSERSERVLET :

```
import java.io.IOException;
import javax.servlet.ServletException;
import javax.servlet.annotation.WebServlet;
import javax.servlet.http.HttpServlet;
import javax.servlet.http.HttpServletRequest;
import javax.servlet.http.HttpServletResponse;
@WebServlet("/addUser")
public class AddUserServlet extends HttpServlet {
private static final long serialVersionUID = 1L;
protected void doPost(HttpServletRequest request, HttpServletResponse response)
throws ServletException, IOException {
String nom = request.getParameter("nom");
String email = request.getParameter("email");
String motDePasse = request.getParameter("mot_de_passe");
UserDAO.insertUser(nom, email, motDePasse);
response.sendRedirect("listUsers");
}
}
```

DANS CET EXEMPLE, APRÈS l'ajout de l'utilisateur, la Servlet redirige vers la page qui affiche la liste des utilisateurs.

12.4.2. Servlet pour Afficher la Liste des Utilisateurs

CETTE SERVLET RÉCUPÈRE tous les utilisateurs depuis la base de données et les affiche dans une page JSP.

Servlet ListUsersServlet :

```
import java.io.IOException;

import java.util.List;

import javax.servlet.ServletException;

import javax.servlet.annotation.WebServlet;

import javax.servlet.http.HttpServlet;

import javax.servlet.http.HttpServletRequest;

import javax.servlet.http.HttpServletResponse;

@WebServlet("/listUsers")

public class ListUsersServlet extends HttpServlet {

private static final long serialVersionUID = 1L;

protected void doGet(HttpServletRequest request, HttpServletResponse response)

throws ServletException, IOException {

List<User> users = UserDAO.getAllUsers();

request.setAttribute("users", users);

request.getRequestDispatcher("/listUsers.jsp").forward(request, response);

}

}
```

PAGE JSP LISTUSERS.jsp :

```
<table border="1">

<tr>

<th>ID</th>

<th>Nom</th>

<th>Email</th>

<th>Actions</th>

</tr>

<c:forEach var="user" items="${users}">

<tr>

<td>${user.id}</td>

<td>${user.nom}</td>

<td>${user.email}</td>

<td>

<a href="editUser?id=${user.id}">Modifier</a>

<a href="deleteUser?id=${user.id}" onclick="return confirm('Voulez-vous vraiment supprimer cet utilisateur ?')">Supprimer</a>

</td>

</tr>

</c:forEach>

</table>
```

CETTE PAGE AFFICHE la liste des utilisateurs avec des liens pour les modifier ou les supprimer.

12.4.3. Servlet pour Modifier un Utilisateur

CETTE SERVLET PERMET à l'administrateur de modifier les informations d'un utilisateur.

Formulaire HTML pour Modifier un Utilisateur :

```
<form action="updateUser" method="post">

<input type="hidden" name="id" value="${user.id}">

<label for="nom">Nom :</label>

<input type="text" id="nom" name="nom" value="${user.nom}" required>

<label for="email">Email :</label>

<input type="email" id="email" name="email" value="${user.email}" required>

<button type="submit">Mettre à jour</button>

</form>
```

Servlet UpdateUserServlet :

```
@WebServlet("/updateUser")
public class UpdateUserServlet extends HttpServlet {
private static final long serialVersionUID = 1L;
protected void doPost(HttpServletRequest request, HttpServletResponse response)
throws ServletException, IOException {
int id = Integer.parseInt(request.getParameter("id"));
String nom = request.getParameter("nom");
String email = request.getParameter("email");
UserDAO.updateUser(id, nom, email);
response.sendRedirect("listUsers");
}
}
```

12.4.4. Servlet pour Supprimer un Utilisateur

ENFIN, CETTE SERVLET supprime un utilisateur de la base de données.

Servlet DeleteUserServlet :

```
@WebServlet("/deleteUser")
public class DeleteUserServlet extends HttpServlet {
private static final long serialVersionUID = 1L;
protected void doGet(HttpServletRequest request, HttpServletResponse response)
throws ServletException, IOException {
```

```
int id = Integer.parseInt(request.getParameter("id"));
UserDAO.deleteUser(id);
response.sendRedirect("listUsers");
}
}
```

12.5. DAO (Data Access Object)

LA COUCHE DAO EST UTILISÉE pour interagir directement avec la base de données. Elle encapsule toutes les opérations CRUD.

Classe UserDAO :

```
import java.sql.Connection;
import java.sql.PreparedStatement;
import java.sql.ResultSet;
import java.sql.SQLException;
import java.util.ArrayList;
import java.util.List;
public class UserDAO {
public static void insertUser(String nom, String email, String motDePasse) {
String sql = "INSERT INTO Users (nom, email, mot_de_passe) VALUES (?, ?, ?)";
try (Connection connection = DatabaseConnection.getConnection();
PreparedStatement statement = connection.prepareStatement(sql)) {
statement.setString(1, nom);
statement.setString(2, email);
```

```
statement.setString(3, motDePasse);
statement.executeUpdate();
} catch (SQLException e) {
e.printStackTrace();
}
}
public static List<User> getAllUsers() {
List<User> users = new ArrayList<>();
String sql = "SELECT * FROM Users";
try (Connection connection = DatabaseConnection.getConnection();
PreparedStatement statement = connection.prepareStatement(sql);
ResultSet resultSet = statement.executeQuery()) {
while (resultSet.next()) {
User user = new User(resultSet.getInt("id"), resultSet.getString("nom"), resultSet.getString("email"));
users.add(user);
}
} catch (SQLException e) {
e.printStackTrace();
}
return users;
}
public static void updateUser(int id, String nom, String email) {
String sql = "UPDATE Users SET nom = ?, email = ? WHERE id = ?";
try (Connection connection = DatabaseConnection.getConnection();
```

```
PreparedStatement statement = connection.prepareStatement(sql)) {
statement.setString(1, nom);
statement.setString(2, email);
statement.setInt(3, id);
statement.executeUpdate();
} catch (SQLException e) {
e.printStackTrace();
}
}
public static void deleteUser(int id) {
String sql = "DELETE FROM Users WHERE id = ?";
try (Connection connection = DatabaseConnection.getConnection();
PreparedStatement statement = connection.prepareStatement(sql)) {
statement.setInt(1, id);
statement.executeUpdate();
} catch (SQLException e) {
e.printStackTrace();
}
}
}
```

DANS CE CHAPITRE, NOUS avons construit une application web complète de gestion d'utilisateurs en utilisant **JSP**, **Servlets**, et **JDBC**. Cette application met en œuvre des fonctionnalités CRUD, ce qui en fait un exemple pratique de développement d'applications web avec Java.

Chapitre 13 : Intégration des Fonctionnalités d'Intelligence Artificielle dans les Applications Web Java

L'intégration de l'intelligence artificielle (IA) dans les applications Web est une tendance croissante qui permet d'améliorer l'interactivité, d'automatiser des tâches complexes et d'offrir une expérience utilisateur plus personnalisée. Dans ce chapitre, nous allons apprendre comment intégrer des fonctionnalités basées sur l'IA dans une application Web Java en utilisant des API, comme **ChatGPT** d'OpenAI. Nous allons explorer des cas d'utilisation pratiques tels que la génération automatique de contenu, les chatbots, et l'analyse des données utilisateur.

13.1. Introduction à l'API d'OpenAI et ChatGPT

CHATGPT, basé sur l'architecture **GPT** (Generative Pre-trained Transformer), est un modèle de traitement du langage naturel qui peut générer du texte de manière cohérente en réponse à des requêtes. En intégrant ChatGPT dans vos applications Web, vous pouvez automatiser des tâches telles que la génération de réponses pour des chatbots, la suggestion de texte, ou même l'assistance à la génération de code.

L'API d'OpenAI permet d'accéder à ce modèle directement depuis une application. Vous pouvez envoyer des requêtes à l'API, et elle vous retournera des réponses générées automatiquement en fonction des données d'entrée.

13.2. Configuration de l'API ChatGPT dans une Application Web Java

POUR UTILISER L'API de ChatGPT, vous devez d'abord obtenir une clé API à partir du site d'OpenAI. Voici les étapes pour intégrer cette API dans une application Web Java.

Étape 1 : Créer un Compte OpenAI et Obtenir la Clé API

1. Allez sur le site OpenAI[1] et créez un compte.
2. Dans votre tableau de bord OpenAI, générez une clé API. Vous aurez besoin de cette clé pour accéder à l'API de ChatGPT.

Étape 2 : Ajouter les Dépendances à votre Projet Java

Vous aurez besoin d'un client HTTP pour envoyer des requêtes à l'API d'OpenAI. Nous allons utiliser la bibliothèque **Apache HttpClient**. Si vous utilisez **Maven**, ajoutez cette dépendance dans votre fichier pom.xml :

```
<dependency>

<groupId>org.apache.httpcomponents.client5</groupId>

<artifactId>httpclient5</artifactId>

<version>5.1</version>

</dependency>
```

ÉTAPE 3 : ENVOYER UNE Requête à l'API d'OpenAI

Voici un exemple de code Java qui envoie une requête à l'API ChatGPT pour générer du texte en réponse à une question.

---

1. https://plateform.openai.com/

```
import org.apache.hc.client5.http.HttpResponse;

import org.apache.hc.client5.http.classic.methods.HttpPost;

import org.apache.hc.core5.http.io.entity.StringEntity;

import org.apache.hc.impl.client.CloseableHttpClient;

import org.apache.hc.impl.client.HttpClients;

public class OpenAIClient {

private static final String API_URL = "https://api.openai.com/v1/completions";

private static final String API_KEY = "votre_cle_api_openai";

public static String sendRequest(String prompt) {

try (CloseableHttpClient httpClient = HttpClients.createDefault()) {

HttpPost post = new HttpPost(API_URL);

post.setHeader("Authorization", "Bearer " + API_KEY);

post.setHeader("Content-Type", "application/json");

String json = "{ \"model\": \"text-davinci-003\", \"prompt\": \"" + prompt + "\", \"max_tokens\": 150 }";

post.setEntity(new StringEntity(json));

HttpResponse response = httpClient.execute(post);

return new String(response.getEntity().getContent().readAllBytes());

} catch (Exception e) {

e.printStackTrace();

return "Erreur lors de la requête API.";

}

}

public static void main(String[] args) {

String prompt = "Expliquez le concept de la programmation orientée objet.";
```

```
String response = sendRequest(prompt);

System.out.println(response);

}

}
```

DANS CET EXEMPLE :

- **sendRequest**() envoie une requête à l'API d'OpenAI avec un **prompt** donné.
- La réponse est lue et affichée dans la console.

13.3. Cas d'Utilisation de l'IA dans les Applications Web

L'IA PEUT ÊTRE UTILISÉE pour améliorer les applications Web dans plusieurs domaines. Voici quelques exemples pratiques d'utilisation de ChatGPT dans des applications Java.

13.3.1. Génération Automatique de Contenu

SI VOTRE APPLICATION Web nécessite la création automatique de contenu, vous pouvez utiliser ChatGPT pour générer des descriptions, des résumés, ou même des articles complets en fonction des données d'entrée.

Exemple : Générer un Résumé d'un Article

Supposons que vous ayez une application Web où les utilisateurs soumettent des articles, et que vous souhaitiez générer un résumé automatique.

```
String article = "L'intelligence artificielle est une technologie en plein essor...";
```

```
String prompt = "Résumé de l'article suivant : " + article;
String response = OpenAIClient.sendRequest(prompt);
System.out.println("Résumé : " + response);
```

13.3.2. Chatbot Interactif pour le Support Client

UN CHATBOT BASÉ SUR ChatGPT peut être utilisé pour automatiser les réponses aux questions fréquentes des utilisateurs sur une plateforme de support client.

Exemple de Servlet pour un Chatbot :

```
@WebServlet("/chatbot")
public class ChatbotServlet extends HttpServlet {
private static final long serialVersionUID = 1L;
protected void doPost(HttpServletRequest request, HttpServletResponse response)
throws ServletException, IOException {
String question = request.getParameter("question");
String answer = OpenAIClient.sendRequest(question);
response.setContentType("application/json");
response.getWriter().write("{ \"response\": \"" + answer + "\" }");
}
}
```

DANS CET EXEMPLE :

- L'utilisateur envoie une question via un formulaire HTML.

- La Servlet traite la question et renvoie une réponse générée par l'API de ChatGPT.

13.3.3. Génération Automatique de Code

L'API DE CHATGPT PEUT être utilisée pour générer du code à partir d'instructions en langage naturel. Cela peut être utile dans des outils d'assistance pour les développeurs, où les utilisateurs peuvent demander de l'aide pour générer des segments de code.

Exemple : Générer une Méthode en Java

```
String prompt = "Générez une méthode Java qui trie un tableau d'entiers.";

String response = OpenAIClient.sendRequest(prompt);

System.out.println("Code généré : " + response);
```

CETTE FONCTIONNALITÉ peut être intégrée dans des outils de développement pour accélérer la productivité des développeurs.

13.4. Gestion des Réponses et Traitement des Données

LORSQUE VOUS INTÉGREZ des modèles d'IA dans une application, il est important de bien gérer les réponses générées par l'API. Voici quelques points à prendre en compte :

1. **Validation des Données** : Assurez-vous que les données générées par l'IA sont validées avant d'être utilisées dans des contextes critiques, notamment pour des raisons de sécurité.
2. **Limiter le Contenu Généré** : Utilisez des paramètres comme **max_tokens** pour limiter la quantité de contenu généré par l'IA. Cela permet de contrôler les coûts et les performances de

l'application.

3. **Gestion des Erreurs** : Implémentez des mécanismes de gestion des erreurs pour traiter les éventuelles défaillances de l'API ou des erreurs de réseau.

13.5. Considérations Éthiques et de Confidentialité

LORSQUE VOUS INTÉGREZ l'IA dans une application, il est essentiel de prendre en compte les aspects éthiques, notamment en matière de confidentialité des données et de biais potentiels dans les réponses générées.

1. **Confidentialité des Données** : Assurez-vous que les données des utilisateurs envoyées à des API externes (comme OpenAI) respectent les réglementations en vigueur, telles que le **RGPD** (Règlement Général sur la Protection des Données).
2. **Biais dans les Réponses** : Les modèles d'IA, comme ChatGPT, peuvent parfois générer des réponses biaisées. Il est important de surveiller les réponses et d'ajouter des contrôles pour éviter que des informations inappropriées ou incorrectes ne soient fournies aux utilisateurs.

13.6. Bonnes Pratiques pour l'Intégration de l'IA

VOICI QUELQUES BONNES pratiques à suivre lors de l'intégration de l'IA dans des applications Web :

1. **Optimisez les Requêtes** : Évitez d'envoyer des requêtes trop longues ou complexes à l'API d'IA pour des raisons de performance et de coût. Formulez des **prompts** clairs et concis.

2. **Cachez les Réponses Fréquentes** : Pour les réponses générées fréquemment (par exemple, pour des questions fréquentes d'un chatbot), envisagez de mettre en cache les réponses afin de réduire le nombre de requêtes envoyées à l'API.
3. **Surveillez les Coûts d'Utilisation** : Les API comme OpenAI sont souvent facturées en fonction du nombre de requêtes ou de tokens utilisés. Surveillez les coûts pour éviter toute surprise.

Dans ce chapitre, nous avons appris à intégrer des fonctionnalités d'intelligence artificielle dans une application Web Java en utilisant l'API de ChatGPT. Nous avons exploré plusieurs cas d'utilisation pratiques, notamment la génération automatique de contenu, la création de chatbots et l'assistance au développement. L'IA offre des possibilités illimitées pour améliorer les applications Web, mais il est important de suivre les bonnes pratiques pour assurer la sécurité, la confidentialité et l'efficacité.

Chapitre 14 : Sécurité des Applications Web Java

La sécurité est un aspect crucial du développement d'applications web, en particulier lorsque l'application interagit avec des données sensibles comme les informations personnelles des utilisateurs. Dans ce chapitre, nous allons explorer les principales vulnérabilités de sécurité auxquelles les applications web sont confrontées, et comment y remédier en utilisant des bonnes pratiques de développement et des outils de sécurité dans Java.

14.1. Introduction aux Vulnérabilités Courantes

LES APPLICATIONS WEB sont souvent la cible d'attaques de sécurité, notamment lorsque les données des utilisateurs ou des transactions financières sont impliquées. Voici quelques-unes des vulnérabilités les plus courantes que vous devez prendre en compte lors du développement d'applications Web Java.

14.1.1. Injection SQL

L'**injection SQL** est une technique d'attaque où un attaquant injecte du code SQL malveillant dans une requête pour contourner la sécurité ou altérer les données de la base. Cela se produit généralement lorsque les entrées des utilisateurs ne sont pas correctement validées.

Exemple d'Injection SQL :

```
SELECT * FROM Users WHERE email = ' ' OR '1'='1';
```

Cette requête permettrait à l'attaquant d'accéder à toutes les informations des utilisateurs en contournant la vérification de l'email.

14.1.2. Cross-Site Scripting (XSS)

L'**attaque XSS** se produit lorsque des scripts malveillants sont injectés dans des pages Web, généralement via des champs de formulaire ou des URL. Ces scripts sont ensuite exécutés dans le navigateur des autres utilisateurs, compromettant ainsi leur sécurité.

Exemple d'attaque XSS :

```
<script>alert('Vous avez été piraté');</script>
```

Si une application Web affiche cette entrée sans validation, le script sera exécuté dans le navigateur des utilisateurs.

14.1.3. Cross-Site Request Forgery (CSRF)

UNE ATTAQUE **CSRF** consiste à inciter un utilisateur authentifié à exécuter une action malveillante sans qu'il le sache. Cela peut permettre à un attaquant d'effectuer des actions non autorisées dans l'application, comme changer les paramètres d'un compte.

14.2. Protéger l'Application contre les Injections SQL

POUR ÉVITER LES INJECTIONS SQL, il est essentiel de **valider et d'échapper toutes les entrées utilisateurs**. La meilleure pratique consiste à utiliser des **requêtes préparées (PreparedStatement)** pour empêcher l'injection SQL.

Exemple de Requête Sécurisée avec PreparedStatement :

```
String sql = "SELECT * FROM Users WHERE email = ?";

PreparedStatement statement = connection.prepareStatement(sql);
```

```
statement.setString(1, email);

ResultSet resultSet = statement.executeQuery();
```

DANS CET EXEMPLE, LE **paramètre de requête** est correctement échappé, ce qui empêche tout code SQL injecté de s'exécuter.

Validation et Filtrage des Entrées Utilisateurs

Outre l'utilisation de PreparedStatement, il est important de **valider toutes les entrées** provenant de l'utilisateur, en veillant à ce qu'elles respectent le format attendu. Utilisez des bibliothèques de validation comme **Apache Commons Validator** pour vérifier les adresses e-mail, les numéros de téléphone, etc.

14.3. Protection contre les Attaques XSS (Cross-Site Scripting)

POUR PROTÉGER UNE APPLICATION contre les attaques **XSS**, il est important de **ne jamais afficher directement les données de l'utilisateur sans les valider et les échapper**. Voici quelques techniques pour prévenir les attaques XSS.

Échapper le Contenu HTML

Lors de l'affichage des données de l'utilisateur dans une page Web, assurez-vous d'échapper tous les caractères spéciaux pour empêcher l'exécution de scripts.

```
String safeContent = StringEscapeUtils.escapeHtml4(userInput);
```

Dans cet exemple, nous utilisons la bibliothèque **Apache Commons Lang** pour échapper les caractères HTML potentiellement dangereux.

Utiliser des Bibliothèques de Sécurité

Vous pouvez également utiliser des bibliothèques de sécurité comme **OWASP Java Encoder** pour sécuriser les applications web en encodant toutes les sorties HTML.

```
import org.owasp.encoder.Encode;

out.println(Encode.forHtml(userInput));
```

14.4. Prévention des Attaques CSRF (Cross-Site Request Forgery)

POUR PRÉVENIR LES ATTAQUES **CSRF**, il est important d'ajouter un jeton de sécurité unique à chaque formulaire soumis par l'utilisateur. Ce jeton doit être difficile à deviner et doit être validé côté serveur pour s'assurer que la requête est légitime.

Mise en Place d'un Jeton CSRF

1. **Générer un Jeton CSRF** et l'inclure dans les formulaires HTML.

```
<input type="hidden" name="csrf_token" value="${csrfToken}">
```

1. **Valider le Jeton** sur le serveur lors de la soumission du formulaire

```
String csrfTokenFromRequest = request.getParameter("csrf_token");

String csrfTokenFromSession = (String) session.getAttribute("csrf_token");

if (csrfTokenFromRequest != null && csrfTokenFromRequest.equals(csrfTokenFromSession)) {

// Jeton CSRF valide, traiter la requête

} else {

// Échec de la validation CSRF
```

```
response.sendError(HttpServletResponse.SC_FORBIDDEN, "Invalid CSRF token.");

}
```

14.5. Utilisation de HTTPS et du Hachage des Mots de Passe

POUR PROTÉGER LA CONFIDENTIALITÉ et l'intégrité des données, assurez-vous que votre application utilise **HTTPS** pour chiffrer les données échangées entre le serveur et le client. De plus, il est impératif de **ne jamais stocker les mots de passe en clair** dans la base de données. Utilisez des algorithmes de hachage sécurisés tels que **bcrypt** ou **Argon2** pour protéger les mots de passe.

Exemple de Hachage d'un Mot de Passe avec BCrypt :

```
import org.mindrot.jbcrypt.BCrypt;

public class PasswordUtils {

public static String hashPassword(String plainTextPassword) {

return BCrypt.hashpw(plainTextPassword, BCrypt.gensalt());

}

public static boolean checkPassword(String plainTextPassword, String hashedPassword) {

return BCrypt.checkpw(plainTextPassword, hashedPassword);

}

}
```

DANS CET EXEMPLE, **BCrypt** est utilisé pour hacher les mots de passe avant de les stocker dans la base de données et pour vérifier les mots de passe lors de l'authentification.

14.6. Configuration des Autorisations et des Rôles Utilisateurs

LES APPLICATIONS WEB doivent également mettre en place un système de gestion des rôles et des autorisations pour s'assurer que seuls les utilisateurs autorisés ont accès aux différentes parties de l'application.

Définir des Rôles dans le Fichier web.xml :

Vous pouvez définir des rôles dans le fichier de configuration **web.xml** pour restreindre l'accès à certaines pages ou fonctionnalités de l'application.

```
<security-constraint>
<web-resource-collection>
<web-resource-name>Admin Section</web-resource-name>
<url-pattern>/admin/*</url-pattern>
</web-resource-collection>
<auth-constraint>
<role-name>admin</role-name>
</auth-constraint>
</security-constraint>
<login-config>
<auth-method>BASIC</auth-method>
<realm-name>Application Realm</realm-name>
</login-config>
<security-role>
<role-name>admin</role-name>
```

```
</security-role>
```

Dans cet exemple, seules les personnes avec le rôle **admin** peuvent accéder aux URL sous le chemin /**admin**/*.

Vérification des Rôles dans une Servlet :

```
if (request.isUserInRole("admin")) {

// L'utilisateur a le rôle d'administrateur, continuer l'opération

} else {

response.sendError(HttpServletResponse.SC_FORBIDDEN, "Vous n'avez pas les droits nécessaires.");

}
```

14.7. Bonnes Pratiques de Sécurité pour les Applications Web Java

VOICI QUELQUES BONNES pratiques de sécurité à suivre lors du développement d'applications Web Java :

1. **Valider et échapper toutes les entrées utilisateurs** : Ne jamais faire confiance aux données fournies par l'utilisateur. Validez-les et échappez-les avant de les afficher.
2. **Utiliser PreparedStatement pour les requêtes SQL** : Cela prévient les attaques par injection SQL en échappant correctement les valeurs des requêtes.
3. **Protéger les mots de passe avec des algorithmes de hachage** : Stockez toujours les mots de passe sous forme hachée et utilisez des algorithmes sécurisés comme BCrypt.
4. **Utiliser HTTPS** : Assurez-vous que toutes les communications entre le client et le serveur sont chiffrées avec HTTPS.
5. **Mettre en place des mécanismes de prévention CSRF** :

Utilisez des jetons CSRF dans tous vos formulaires pour protéger les actions critiques.

6. **Restreindre l'accès aux pages sensibles avec des rôles utilisateurs** : Définissez des rôles et des autorisations dans **web.xml** et dans vos Servlets pour empêcher l'accès non autorisé.

Dans ce chapitre, nous avons exploré les vulnérabilités courantes des applications web et appris à les protéger en utilisant les bonnes pratiques de sécurité. La mise en œuvre de mesures de sécurité robustes est essentielle pour protéger les données des utilisateurs et garantir que votre application est résistante aux attaques.

Chapitre 15 : Optimisation des Performances des Applications Web Java

Les performances sont un aspect clé dans le développement d'applications web, en particulier lorsque le nombre d'utilisateurs ou le volume de données traitées augmente. Une application performante garantit une expérience utilisateur fluide, une réponse rapide aux requêtes, et une utilisation optimale des ressources système. Dans ce chapitre, nous explorerons diverses stratégies et techniques pour améliorer les performances d'une application Web Java, des optimisations au niveau du code aux techniques de mise en cache et de gestion des ressources serveur.

15.1. Identification des Problèmes de Performances

AVANT DE POUVOIR AMÉLIORER les performances d'une application, il est crucial d'identifier les goulots d'étranglement. Voici quelques méthodes courantes pour repérer les problèmes de performances dans une application Web Java :

15.1.1. Utiliser des Outils de Profiling

LES OUTILS DE **profiling** permettent de suivre en détail le comportement de l'application, notamment l'utilisation de la CPU, de la mémoire et les temps de réponse des requêtes. Des outils comme **VisualVM**, **JProfiler** ou **YourKit** peuvent être utilisés pour profiler une application et identifier les sections du code qui posent problème.

15.1.2. Analyse des Logs de Serveur

LES **logs de serveur** contiennent des informations utiles sur le fonctionnement de l'application, notamment les erreurs, les temps de traitement des requêtes, et l'utilisation des ressources. Analyser ces logs peut fournir des indications sur les sections à améliorer.

15.1.3. Surveillance des Temps de Réponse des Requêtes

VOUS POUVEZ MESURER le temps que prend chaque requête à être traitée en ajoutant des **timestamps** avant et après chaque traitement important. Cela permet d'identifier les requêtes qui ralentissent l'application.

```
long startTime = System.currentTimeMillis();

// Code pour traiter la requête

long endTime = System.currentTimeMillis();

System.out.println("Temps de traitement : " + (endTime - startTime) + " ms");
```

15.2. Optimisation des Requêtes et des Connexions à la Base de Données

LES INTERACTIONS AVEC la base de données peuvent être une source majeure de ralentissement dans une application Web. Voici des stratégies pour optimiser ces interactions.

15.2.1. Utiliser des Requêtes Optimisées

LES REQUÊTES SQL MAL optimisées peuvent provoquer des ralentissements, notamment lorsqu'elles concernent de grandes tables. Voici quelques bonnes pratiques à suivre :

- **Limiter les Résultats** : Utilisez des clauses **LIMIT** et **OFFSET** pour réduire le nombre de lignes retournées par une requête. Cela est particulièrement utile pour les pages paginées.

SELECT * FROM Users LIMIT 10 OFFSET 0;

- **Créer des Index** : Créez des **index** sur les colonnes fréquemment utilisées dans les clauses WHERE ou dans les jointures.

CREATE INDEX idx_email ON Users(email);

- **Éviter les Requêtes Redondantes** : Si une requête SQL est utilisée fréquemment avec les mêmes paramètres, envisagez de la **mettre en cache** pour éviter d'exécuter plusieurs fois la même requête.

15.2.2. Utiliser un Pool de Connexions

L'OUVERTURE ET LA FERMETURE des connexions à la base de données sont coûteuses en termes de performances. L'utilisation d'un **pool de connexions** permet de réutiliser des connexions existantes, réduisant ainsi la surcharge liée à l'ouverture de nouvelles connexions à chaque requête.

Des bibliothèques comme **HikariCP** ou **Apache DBCP** peuvent être utilisées pour implémenter un pool de connexions dans une application Web Java.

15.3. Mise en Cache des Données

LA MISE EN CACHE CONSISTE à stocker temporairement des données fréquemment utilisées en mémoire pour éviter d'avoir à les récupérer à chaque requête. Cela améliore considérablement la vitesse de réponse de l'application.

15.3.1. Mise en Cache au Niveau des Pages

POUR LES PAGES DONT le contenu ne change pas fréquemment, comme des pages d'information ou des résultats de recherche, vous pouvez utiliser la **mise en cache côté serveur** pour éviter de recréer la page à chaque requête.

Par exemple, dans **Spring Framework**, vous pouvez utiliser l'annotation **@Cacheable** pour activer la mise en cache des résultats d'une méthode.

```
@Cacheable("users")

public List<User> getAllUsers() {

return userRepository.findAll();

}
```

15.3.2. Utilisation d'une Solution de Cache Externe

DES SOLUTIONS DE MISE en cache comme **Redis** ou **Memcached** peuvent être utilisées pour stocker en mémoire des objets fréquemment demandés, comme les informations utilisateur ou les résultats de requêtes complexes.

Exemple avec Redis :

```
// Stocker en cache

jedis.set("user:1", "nom=John,email=john@example.com");

// Récupérer depuis le cache

String userData = jedis.get("user:1");
```

15.4. Optimisation du Code Java

UNE APPLICATION JAVA performante passe aussi par un code bien écrit et optimisé. Voici quelques conseils pour optimiser votre code Java.

15.4.1. Éviter les Boucles Inutiles

LES BOUCLES SONT SOUVENT des sources de ralentissement, surtout lorsqu'elles itèrent sur de grands ensembles de données. Assurez-vous de limiter les boucles imbriquées et de sortir des boucles dès que possible.

```
for (int i = 0; i < data.size(); i++) {

if (data.get(i).isConditionMet()) {

break; // Sortir de la boucle dès que la condition est remplie

}

}
```

15.4.2. Utiliser des Collections Appropriées

LE CHOIX DE LA **collection Java** (comme ArrayList, HashMap, LinkedList, etc.) peut avoir un impact significatif sur les performances. Par exemple, pour des accès rapides basés sur des clés, un **HashMap** est plus performant qu'une **ArrayList**.

15.4.3. Minimiser l'Utilisation de la Mémoire

POUR ÉVITER LES PROBLÈMES de **fuite de mémoire**, assurez-vous de libérer correctement les ressources. Utilisez des structures de contrôle comme try-with-resources pour garantir que les objets sont fermés après utilisation.

```
try (Connection connection = DatabaseConnection.getConnection()) {
// Utiliser la connexion
} // La connexion est automatiquement fermée ici
```

15.5. Amélioration de la Concurrence et de la Scalabilité

LORSQUE LE NOMBRE DE requêtes simultanées augmente, il est important de s'assurer que l'application peut gérer la montée en charge sans affecter les performances.

15.5.1. Utiliser des Threads de manière Efficace

LES **threads** permettent de gérer plusieurs tâches simultanément dans une application. Cependant, une mauvaise gestion des threads peut entraîner des problèmes de performances. Utilisez des **pools de threads** pour limiter le nombre de threads créés et éviter les surcharge.

Exemple avec un Pool de Threads :

```
ExecutorService executorService = Executors.newFixedThreadPool(10);
executorService.submit(() -> {
// Code à exécuter en parallèle
});
```

15.5.2. LOAD BALANCING et Scalabilité Horizontale

Pour des applications à forte charge, vous pouvez répartir le trafic sur plusieurs serveurs à l'aide de **load balancers** comme **HAProxy** ou

NGINX. Cela permet à plusieurs instances de l'application de traiter les requêtes en parallèle, améliorant ainsi les performances globales.

15.6. Utilisation des CDN et des Méthodes Front-End

L'OPTIMISATION DES performances ne concerne pas uniquement le back-end. Des techniques front-end peuvent aussi être mises en œuvre pour réduire le temps de chargement des pages.

15.6.1. Utilisation des Content Delivery Networks (CDN)

LES **CDN** sont des réseaux de serveurs géographiquement distribués qui stockent en cache des ressources statiques (comme des fichiers CSS, JavaScript, ou des images) et les livrent aux utilisateurs depuis le serveur le plus proche. Cela permet de réduire la latence et d'améliorer la vitesse de chargement des pages.

```
<link rel="stylesheet" href="https://cdn.jsdelivr.net/npm/bootstrap@5.1.0/dist/css/bootstrap.min.css">
```

15.6.2. Minification et Compression des Fichiers

MINIFIER ET COMPRESSER les fichiers CSS, JavaScript et HTML réduit leur taille et accélère le temps de chargement. Utilisez des outils comme **UglifyJS** ou **CSSNano** pour minifier ces fichiers avant leur déploiement.

15.7. Bonnes Pratiques d'Optimisation des Performances

VOICI UN RÉSUMÉ DES bonnes pratiques à suivre pour optimiser les performances d'une application Web Java :

1. **Profiler l'application régulièrement** : Utilisez des outils de profiling pour identifier les goulots d'étranglement dans l'application.
2. **Optimiser les interactions avec la base de données** : Utilisez des requêtes optimisées, des index et un pool de connexions pour améliorer les performances.
3. **Utiliser la mise en cache** : Mettez en cache les données et les pages fréquemment demandées pour réduire la charge sur le serveur et la base de données.
4. **Minimiser l'utilisation de la mémoire** : Libérez les ressources après leur utilisation et évitez les fuites de mémoire.
5. **Gérer efficacement les threads** : Utilisez des pools de threads pour améliorer la gestion de la concurrence.
6. **Améliorer le front-end** : Utilisez des CDN pour livrer les ressources statiques et compressez les fichiers pour améliorer les temps de chargement.

Dans ce chapitre, nous avons exploré les techniques d'optimisation des performances pour les applications Web Java, des requêtes de base de données au code Java et à la gestion de la montée en charge. Ces stratégies permettent de garantir que l'application reste performante, même sous des charges de travail importantes.

Chapitre 16 : Gestion et Déploiement des Applications Web Java

Déployer une application Web Java en production est une étape cruciale dans le cycle de développement. Une fois l'application prête, elle doit être correctement configurée pour fonctionner sur un serveur, être accessible aux utilisateurs finaux, et permettre des mises à jour et une maintenance continue. Dans ce chapitre, nous explorerons les différentes étapes du processus de déploiement d'une application Web Java, les outils nécessaires, ainsi que les bonnes pratiques pour garantir la fiabilité et la disponibilité de l'application en production.

16.1. Préparation au Déploiement

AVANT DE PROCÉDER AU déploiement d'une application Web Java, il est important de vérifier plusieurs aspects pour garantir un bon fonctionnement en production.

16.1.1. Vérification des Dépendances

ASSUREZ-VOUS QUE TOUTES les dépendances de votre projet, telles que les bibliothèques et frameworks, sont correctement configurées et disponibles. Si vous utilisez **Maven**, cela inclut l'ajout des dépendances nécessaires dans le fichier pom.xml et l'utilisation de la commande suivante pour les télécharger :

```
mvn clean install
```

Cela compile le projet et résout toutes les dépendances.

16.1.2. Configuration des Variables d'Environnement

LES VARIABLES D'ENVIRONNEMENT permettent de définir des paramètres spécifiques à l'environnement de production, comme les informations de connexion à la base de données ou des clés d'API. Plutôt que de coder en dur ces informations dans le projet, utilisez des fichiers de configuration ou des variables d'environnement pour les gérer.

Exemple de configuration dans un fichier config.properties :

```
db.url=jdbc:mysql://localhost:3306/prod_db

db.username=admin

db.password=securepassword
```

Dans le code Java, vous pouvez lire ces variables :

```
Properties properties = new Properties();

try (InputStream input = new FileInputStream("config.properties")) {

properties.load(input);

} catch (IOException e) {

e.printStackTrace();

}

String dbUrl = properties.getProperty("db.url");
```

16.2. Choix du Serveur de Production

LE SERVEUR D'APPLICATION est le composant essentiel qui héberge et exécute votre application Web Java. Il existe plusieurs serveurs d'application populaires pour Java, chacun ayant ses avantages. Voici les plus courants :

16.2.1. Apache Tomcat

TOMCAT est l'un des serveurs d'application les plus utilisés pour les applications Java EE. Il est léger, facile à configurer et largement utilisé pour héberger des Servlets et des JSP.

- **Avantages** : Simplicité, légère consommation de mémoire, support de Servlets et JSP.
- **Cas d'utilisation** : Applications web légères, API REST, microservices.

16.2.2. GlassFish

GLASSFISH est un serveur d'application Java EE complet, avec le support des technologies Java EE comme EJB, JPA et JMS.

- **Avantages** : Support complet des spécifications Java EE, bon pour les applications d'entreprise.
- **Cas d'utilisation** : Applications complexes nécessitant des fonctionnalités Java EE avancées.

16.2.3. WildFly (ex-JBoss)

WILDFLY est un serveur d'application Java EE robuste, utilisé pour des applications à grande échelle.

- **Avantages** : Scalabilité, support complet des technologies Java EE.
- **Cas d'utilisation** : Applications d'entreprise de grande envergure.

16.3. Processus de Déploiement d'une Application Web Java

UNE FOIS L'APPLICATION prête à être déployée, le processus de déploiement peut varier légèrement en fonction du serveur choisi. Voici un processus de base pour le déploiement sur **Apache Tomcat**.

16.3.1. Générer le Fichier WAR

LE FICHIER **WAR** (Web Application Archive) est le package de l'application Web Java. Il contient tous les fichiers nécessaires à l'exécution de l'application (fichiers JSP, Servlets, classes Java compilées, bibliothèques externes, etc.).

Pour générer un fichier WAR avec **Maven** :

```
mvn clean package
```

Cela génère un fichier **yourproject.war** dans le répertoire **target**/.

16.3.2. Déployer le Fichier WAR sur Tomcat

UNE FOIS LE FICHIER WAR généré, vous pouvez le déployer sur Tomcat en le copiant dans le répertoire **webapps**/ de Tomcat.

1. Accédez au dossier **webapps**/ de votre installation Tomcat.
2. Copiez le fichier WAR généré dans ce dossier.
3. Tomcat déploiera automatiquement l'application une fois le serveur démarré.

Pour vérifier que votre application est bien déployée, accédez à l'URL suivante dans votre navigateur :

```
http://localhost:8080/yourproject
```

16.4. Automatisation du Déploiement avec CI/CD

L'UTILISATION DE **CI/CD (Continuous Integration / Continuous Deployment)** permet d'automatiser le processus de déploiement, de tester automatiquement l'application après chaque modification du code, et de déployer les nouvelles versions sans intervention manuelle.

16.4.1. Intégration Continue avec Jenkins

JENKINS est un outil populaire d'intégration continue qui permet de gérer l'intégration et le déploiement automatisé de vos applications. Voici un exemple simple de pipeline Jenkins pour compiler, tester et déployer une application Java.

Exemple de Fichier Jenkinsfile :

```
pipeline {
agent any
stages {
stage('Build') {
steps {
sh 'mvn clean package'
}
}
stage('Test') {
steps {
sh 'mvn test'
}
```

```
}
stage('Deploy') {
steps {
sh 'scp target/yourproject.war user@server:/opt/tomcat/webapps/'
}
}
}
}
```

Dans cet exemple :

- **Build** : L'étape de compilation utilise Maven pour générer un fichier WAR.
- **Test** : Exécution des tests automatisés.
- **Deploy** : Le fichier WAR est copié sur le serveur de production via **scp**.

16.4.2. Outils de CI/CD Cloud

DES OUTILS COMME **GitLab CI**, **GitHub Actions** et **CircleCI** permettent également de configurer des pipelines CI/CD pour automatiser le déploiement des applications.

16.5. Surveillance et Maintenance des Applications en Production

UNE FOIS DÉPLOYÉE, une application Web Java doit être surveillée pour s'assurer qu'elle fonctionne correctement en production. Cela implique de surveiller les performances, de détecter les erreurs et de garantir la disponibilité.

16.5.1. Surveillance des Performances

DES OUTILS COMME **Prometheus**, **Grafana**, ou **New Relic** peuvent être utilisés pour surveiller l'utilisation des ressources (CPU, mémoire, disques) et les performances de l'application (temps de réponse, erreurs).

16.5.2. Journaux d'Erreurs et de Requêtes

LES **logs de serveur** sont essentiels pour suivre les erreurs et analyser le comportement de l'application. Assurez-vous que les logs sont bien configurés pour capturer les erreurs critiques et les informations pertinentes.

Exemple de log d'erreur dans **Tomcat** :

```
tail -f /opt/tomcat/logs/catalina.out
```

Vous pouvez également configurer une gestion centralisée des logs avec des outils comme **ELK Stack** (Elasticsearch, Logstash, Kibana).

16.6. Scalabilité et Gestion des Versions

LORSQUE VOTRE APPLICATION commence à recevoir plus de trafic, il est essentiel de planifier la scalabilité pour éviter les problèmes de performance.

16.6.1. Déploiement sur un Cluster

UN CLUSTER EST UN ENSEMBLE de serveurs qui travaillent ensemble pour gérer les requêtes entrantes. Utiliser un cluster permet de répartir la charge sur plusieurs instances de l'application, garantissant ainsi une plus grande disponibilité.

16.6.2. Gestion des Versions

POUR ÉVITER LES INTERRUPTIONS lors du déploiement de nouvelles versions de l'application, adoptez une approche de **déploiement blue-green** ou de **déploiement canari**. Cela permet de tester les nouvelles versions de l'application sur une petite portion des utilisateurs avant de les déployer à grande échelle.

16.7. Bonnes Pratiques pour le Déploiement des Applications Web Java

1. **Automatiser le déploiement** : Utilisez CI/CD pour automatiser la compilation, les tests, et le déploiement.
2. **Séparer les environnements** : Gardez des environnements distincts pour le développement, la pré-production et la production, avec des configurations spécifiques à chaque environnement.
3. **Surveiller les performances en temps réel** : Utilisez des outils de monitoring pour détecter les goulots d'étranglement et les erreurs en production.
4. **Planifier la scalabilité** : Assurez-vous que l'application peut être facilement étendue en utilisant des techniques de mise à l'échelle horizontale ou verticale.
5. **Protéger l'accès aux ressources sensibles** : Ne stockez jamais les informations sensibles en clair dans le code. Utilisez des variables d'environnement ou des systèmes de gestion des secrets.

DANS CE CHAPITRE, NOUS avons exploré le processus de déploiement des applications Web Java, de la préparation et la configuration au déploiement sur des serveurs de production comme Tomcat. Nous avons également abordé l'automatisation du déploiement avec des outils CI/CD, la surveillance en production, et les techniques de scalabilité. Un déploiement bien géré garantit la disponibilité et la performance continue de l'application.

Chapitre 17 : Gestion des Erreurs et des Exceptions dans les Applications Web Java

Dans une application web, la gestion des erreurs et des exceptions est essentielle pour garantir une expérience utilisateur fluide et une maintenance efficace. Si des erreurs ne sont pas correctement gérées, elles peuvent perturber l'application et causer des interruptions de service. Dans ce chapitre, nous allons explorer différentes techniques pour gérer les erreurs de manière élégante dans une application Web Java, des **try-catch** basiques aux solutions plus avancées comme les gestionnaires globaux d'exceptions.

17.1. Comprendre les Exceptions en Java

EN JAVA, UNE **exception** est un événement qui interrompt le flux normal de l'exécution d'un programme. Les exceptions sont des objets qui contiennent des informations sur la cause de l'erreur, comme le type d'erreur, un message explicatif, et une trace de pile.

Types d'Exceptions en Java

Les exceptions en Java sont classées en trois catégories principales :

1. **Exceptions Vérifiées (Checked Exceptions)** : Ce sont des exceptions qui doivent être gérées par le programme à l'aide de blocs try-catch, sinon elles provoquent une erreur de compilation. Exemple : **SQLException**, **IOException**.
2. **Exceptions Non Vérifiées (Unchecked Exceptions)** : Ces exceptions proviennent d'erreurs de logique et ne sont pas obligatoirement gérées par le code. Exemple :

NullPointerException, **ArrayIndexOutOfBoundsException**.

3. **Erreurs (Errors)** : Ces erreurs représentent des problèmes graves dans l'environnement d'exécution de l'application et sont généralement irréparables, comme **OutOfMemoryError**.

17.2. Gestion des Exceptions avec try-catch

LE MOYEN DE BASE POUR gérer les exceptions en Java est d'utiliser les blocs **try-catch**. Ils permettent d'attraper une exception et de la gérer de manière appropriée, plutôt que de laisser l'application planter.

Exemple de Gestion des Exceptions avec try-catch :

```
try {
Connection connection = DriverManager.getConnection("jdbc:mysql://localhost:3306/prod_db", "user", "password");
Statement statement = connection.createStatement();
ResultSet resultSet = statement.executeQuery("SELECT * FROM Users");
} catch (SQLException e) {
System.out.println("Erreur lors de la connexion à la base de données : " + e.getMessage());
e.printStackTrace();
}
```

DANS CET EXEMPLE, LA **SQLException** est attrapée et gérée en affichant un message d'erreur, ce qui empêche l'application de planter.

Gestion Multi-exceptions

Dans certains cas, plusieurs exceptions peuvent survenir. Vous pouvez attraper plusieurs types d'exceptions dans un seul bloc try-catch.

```
try {

FileReader file = new FileReader("nonexistentfile.txt");

} catch (FileNotFoundException e) {

System.out.println("Fichier introuvable : " + e.getMessage());

} catch (IOException e) {

System.out.println("Erreur d'entrée/sortie : " + e.getMessage());

}
```

17.3. Gestion Globale des Erreurs avec un ErrorHandler dans les Applications Web

DANS UNE APPLICATION web, il est préférable d'avoir un **gestionnaire d'erreurs global** qui peut intercepter toutes les exceptions non gérées et afficher un message d'erreur convivial à l'utilisateur, sans exposer les détails techniques. En Java, cela peut être fait en configurant une page d'erreur dans le fichier **web.xml** ou en utilisant des **Servlet Filters**.

17.3.1. Configurer des Pages d'Erreur dans web.xml

VOUS POUVEZ DÉFINIR des pages spécifiques pour gérer les erreurs HTTP ou les exceptions dans le fichier **web.xml**.

Exemple de Configuration dans web.xml :

```
<error-page>

<error-code>404</error-code>
```

```
<location>/error404.jsp</location>

</error-page>

<error-page>

<exception-type>java.lang.Exception</exception-type>

<location>/error.jsp</location>

</error-page>
```

DANS CET EXEMPLE :

- L'erreur **404** redirige les utilisateurs vers la page **error404.jsp**.
- Toutes les exceptions non gérées redirigent vers une page d'erreur générique **error.jsp**.

17.3.2. Utiliser des Servlet Filters pour Gérer les Erreurs

LES **Servlet Filters** permettent d'intercepter toutes les requêtes HTTP et de gérer les erreurs globalement. Voici un exemple d'implémentation d'un Filter pour capturer les exceptions.

Exemple de Servlet Filter :

```
import java.io.IOException;

import javax.servlet.Filter;

import javax.servlet.FilterChain;

import javax.servlet.FilterConfig;

import javax.servlet.ServletException;

import javax.servlet.ServletRequest;

import javax.servlet.ServletResponse;
```

```
public class ErrorFilter implements Filter {

@Override

public void doFilter(ServletRequest request, ServletResponse response, FilterChain
chain)

throws IOException, ServletException {

try {

chain.doFilter(request, response); // Continuer la chaîne de filtres

} catch (Exception e) {

request.setAttribute("errorMessage", e.getMessage());

request.getRequestDispatcher("/error.jsp").forward(request, response);

}

}

@Override

public void init(FilterConfig filterConfig) throws ServletException {}

@Override

public void destroy() {}

}
```

DANS CET EXEMPLE, SI une exception survient pendant le traitement de la requête, elle est capturée et redirigée vers une page d'erreur personnalisée avec un message approprié.

17.4. Affichage de Messages d'Erreur Conviviaux

LORSQU'UNE ERREUR SURVIENT, il est important d'informer l'utilisateur de manière claire et simple, sans exposer de détails techniques sensibles. Cela permet de maintenir une bonne expérience utilisateur tout en réduisant les risques de sécurité.

Exemple de Page d'Erreur Simple (error.jsp) :

```
<html>

<head>

<title>Erreur</title>

</head>

<body>

<h1>Une erreur est survenue</h1>

<p>Nous sommes désolés, mais une erreur interne s'est produite. Veuillez réessayer plus tard.</p>

<p>Message d'erreur : ${errorMessage}</p>

</body>

</html>
```

CETTE PAGE D'ERREUR informe l'utilisateur qu'un problème est survenu, tout en affichant un message d'erreur générique.

17.5. Gestion des Erreurs Personnalisées

DANS CERTAINES SITUATIONS, vous pouvez vouloir créer vos propres exceptions pour gérer des conditions spécifiques dans l'application. Cela peut vous permettre de mieux contrôler le flux d'erreurs et d'afficher des messages personnalisés.

Création d'une Exception Personnalisée

Vous pouvez créer une exception personnalisée en étendant la classe **Exception** ou **RuntimeException**.

Exemple d'Exception Personnalisée :

```
public class InvalidUserInputException extends Exception {
public InvalidUserInputException(String message) {
super(message);
}
}
```

Vous pouvez ensuite lever cette exception dans le code lorsque des conditions spécifiques sont remplies :

```
public void validateInput(String userInput) throws InvalidUserInputException {
if (userInput == null || userInput.isEmpty()) {
throw new InvalidUserInputException("L'entrée utilisateur ne peut pas être vide.");
}
}
```

CETTE APPROCHE VOUS permet de créer des exceptions adaptées aux besoins de votre application, et de fournir des messages d'erreur plus précis.

17.6. Enregistrement des Erreurs et Notifications

IL EST ESSENTIEL D'ENREGISTRER toutes les erreurs qui surviennent dans une application en production. Cela permet aux développeurs d'analyser les erreurs et de corriger les problèmes. Vous pouvez utiliser des fichiers de logs pour enregistrer les erreurs, ou des outils de surveillance pour recevoir des notifications d'erreurs.

Utilisation de Log4j pour Enregistrer les Erreurs

Log4j est une bibliothèque populaire pour enregistrer les erreurs et les messages de débogage dans les applications Java.

Exemple de Configuration de Log4j dans log4j.properties :

```
log4j.rootLogger=ERROR, file

log4j.appender.file=org.apache.log4j.RollingFileAppender

log4j.appender.file.File=logs/app.log

log4j.appender.file.MaxFileSize=5MB

log4j.appender.file.MaxBackupIndex=10

log4j.appender.file.layout=org.apache.log4j.PatternLayout

log4j.appender.file.layout.ConversionPattern=%d{ISO8601} [%t] %-5p %c %x - %m%n
```

EXEMPLE DE CODE POUR Enregistrer les Erreurs :

```
import org.apache.log4j.Logger;

public class UserService {

private static final Logger logger = Logger.getLogger(UserService.class);

public void processUser() {
```

```
try {
// Code à exécuter
} catch (Exception e) {
logger.error("Erreur lors du traitement de l'utilisateur : ", e);
}
}
}
```

NOTIFICATIONS D'ERREUR avec des Outils Externes

Vous pouvez également configurer des outils comme **Sentry**, **Loggly** ou **ELK Stack** pour recevoir des notifications immédiates lorsqu'une erreur critique survient.

17.7. Bonnes Pratiques pour la Gestion des Erreurs et des Exceptions

VOICI QUELQUES BONNES pratiques pour gérer les erreurs dans une application Web Java :

1. **Attraper les exceptions à un niveau approprié** : N'utilisez pas try-catch à chaque ligne de code, mais à des endroits stratégiques où les erreurs doivent être gérées.
2. **Fournir des messages d'erreur conviviaux** : N'exposez pas de détails techniques sensibles aux utilisateurs finaux. Utilisez des messages simples qui informent de manière claire.
3. **Enregistrer les erreurs** : Utilisez des outils comme **Log4j** ou des services de surveillance pour enregistrer toutes les erreurs qui surviennent en production.
4. **Utiliser un gestionnaire d'erreurs global** : Configurez un

gestionnaire d'erreurs pour intercepter toutes les exceptions non gérées et afficher une page d'erreur appropriée.

5. **Ne jamais ignorer les exceptions** : Assurez-vous que toutes les exceptions sont gérées ou enregistrées, et n'ignorez jamais une exception en laissant un bloc catch vide.

Dans ce chapitre, nous avons exploré différentes techniques de gestion des erreurs et des exceptions dans les applications Web Java. De l'utilisation de blocs try-catch à la configuration de gestionnaires d'erreurs globaux, ces méthodes permettent de rendre une application plus robuste, en offrant une meilleure expérience utilisateur tout en facilitant la maintenance. En suivant ces pratiques, vous pourrez améliorer la fiabilité et la résilience de vos applications en production.

Chapitre 18 : Sécurisation des API REST dans les Applications Web Java

Les **API REST** (Representational State Transfer) sont largement utilisées pour permettre aux applications de communiquer entre elles via le Web. Elles sont souvent au cœur des applications modernes, et sécuriser ces API est essentiel pour protéger les données sensibles, garantir que seules les requêtes autorisées accèdent aux ressources et prévenir les attaques courantes telles que les injections ou le déni de service (DoS). Dans ce chapitre, nous allons explorer les principales méthodes pour sécuriser une API REST dans une application Web Java.

18.1. Introduction à la Sécurisation des API REST

LES API REST EXPOSENT des ressources via des points de terminaison accessibles par des requêtes HTTP. Cela signifie que sans protection adéquate, ces ressources peuvent être vulnérables aux attaques externes. La sécurisation d'une API REST comprend plusieurs aspects, notamment :

- **Authentification** : Vérifier l'identité du client.
- **Autorisation** : Vérifier si le client a les droits nécessaires pour accéder à une ressource spécifique.
- **Protection contre les attaques** : Prévenir les attaques courantes comme les injections SQL, le Cross-Site Scripting (XSS), et le Cross-Site Request Forgery (CSRF).

18.2. Authentification des Utilisateurs dans les

API REST

L'AUTHENTIFICATION est la première étape pour sécuriser une API. Elle permet de s'assurer que l'utilisateur ou l'application qui fait la requête est bien celui ou celle qu'elle prétend être. Voici quelques méthodes courantes pour authentifier les utilisateurs dans une API REST.

18.2.1. Authentification Basée sur les Jetons (JWT)

JWT (JSON WEB TOKENS) est une méthode populaire pour authentifier les utilisateurs dans les API REST. Un JWT est un jeton signé qui contient les informations de l'utilisateur et peut être utilisé pour vérifier son identité lors des requêtes ultérieures. Voici comment fonctionne l'authentification JWT :

1. L'utilisateur s'authentifie avec son nom d'utilisateur et son mot de passe.
2. Le serveur génère un JWT et le renvoie au client.
3. Pour chaque requête suivante, le client inclut le JWT dans l'en-tête de la requête.
4. Le serveur valide le JWT pour autoriser ou refuser l'accès à la ressource.

Exemple d'Authentification avec JWT :

- **Étape 1 : Génération d'un JWT**

```
import io.jsonwebtoken.Jwts;

import io.jsonwebtoken.SignatureAlgorithm;

public class JwtUtil {

private static final String SECRET_KEY = "votre_cle_secrete";
```

```
public static String generateToken(String username) {
return Jwts.builder()
.setSubject(username)
.signWith(SignatureAlgorithm.HS256, SECRET_KEY)
.compact();
}
}
```

- **Étape 2 : Utilisation du JWT dans les Requêtes**

Le client envoie le JWT dans l'en-tête **Authorization** lors de chaque requête :

```
GET /users HTTP/1.1
Authorization: Bearer eyJhbGciOiJIUzI1NiIsInR5cCI6IkpXVCJ9...
```

- **Étape 3 : Vérification du JWT**

```
public class JwtFilter implements Filter {
private static final String SECRET_KEY = "votre_cle_secrete";
@Override
public void doFilter(ServletRequest request, ServletResponse response, FilterChain chain)
throws IOException, ServletException {
HttpServletRequest httpRequest = (HttpServletRequest) request;
String authorizationHeader = httpRequest.getHeader("Authorization");
```

```
if (authorizationHeader != null &&
authorizationHeader.startsWith("Bearer ")) {

String token = authorizationHeader.substring(7);

try {

Jwts.parser().setSigningKey(SECRET_KEY).parseClaimsJws(token);

chain.doFilter(request, response);

} catch (Exception e) {

((HttpServletResponse)
response).sendError(HttpServletResponse.SC_UNAUTHORIZED,
"Invalid token");

}

} else {

((HttpServletResponse)
response).sendError(HttpServletResponse.SC_UNAUTHORIZED,
"Authorization header missing");

}

}

}
```

CETTE MÉTHODE PERMET de protéger les routes de votre API et de s'assurer que seules les requêtes authentifiées sont autorisées à accéder aux ressources.

18.2.2. Authentification Basique HTTP

BIEN QUE MOINS SÉCURISÉE que JWT, l'**authentification basique HTTP** peut être utilisée dans des scénarios simples où les identifiants de l'utilisateur (nom d'utilisateur et mot de passe) sont envoyés directement dans chaque requête HTTP.

Exemple d'Authentification Basique HTTP :

```
GET /api/secure-resource HTTP/1.1

Authorization: Basic dXNlcm5hbWU6cGFzc3dvcmQ=
```

DANS CET EXEMPLE, LES informations d'identification sont encodées en base64, mais cette méthode est vulnérable si elle n'est pas utilisée avec HTTPS, car les identifiants peuvent être interceptés.

18.3. Autorisation et Gestion des Rôles

UNE FOIS QU'UN UTILISATEUR est authentifié, il est important de contrôler l'accès aux différentes ressources en fonction de son rôle. Cela garantit que seuls les utilisateurs ayant les privilèges appropriés peuvent effectuer certaines actions.

Contrôle des Accès Basé sur les Rôles (RBAC)

DANS LE CONTRÔLE D'ACCÈS basé sur les rôles (**RBAC**), chaque utilisateur se voit attribuer un rôle spécifique (par exemple, **administrateur**, **utilisateur**, **modérateur**), et chaque rôle a des permissions spécifiques.

Exemple de Vérification des Rôles dans une API :

```
@WebServlet("/admin")

public class AdminServlet extends HttpServlet {

protected void doGet(HttpServletRequest request, HttpServletResponse response)

throws ServletException, IOException {
```

```
String role = (String) request.getAttribute("role");

if ("admin".equals(role)) {

response.getWriter().write("Bienvenue, administrateur !");

} else {

response.sendError(HttpServletResponse.SC_FORBIDDEN, "Vous n'avez pas les autorisations nécessaires.");

}

}

}
```

LE RÔLE DE L'UTILISATEUR peut être stocké dans le **JWT** ou récupéré depuis une base de données lors de l'authentification.

18.4. Protection contre les Attaques Courantes

LES API REST SONT VULNÉRABLES à plusieurs types d'attaques. Il est essentiel de mettre en place des mécanismes de protection pour sécuriser l'API contre ces menaces.

18.4.1. Prévention des Injections SQL

LES API REST INTERAGISSENT souvent avec des bases de données. Il est donc crucial d'utiliser des **requêtes préparées (PreparedStatement)** pour empêcher les attaques par injection SQL.

Exemple de Requête Sécurisée :

```
String sql = "SELECT * FROM Users WHERE email = ?";

PreparedStatement statement = connection.prepareStatement(sql);

statement.setString(1, email);
```

```
ResultSet resultSet = statement.executeQuery();
```

CETTE APPROCHE ÉVITE que des entrées malveillantes puissent altérer la requête SQL.

18.4.2. Protection contre le Cross-Site Request Forgery (CSRF)

BIEN QUE LES API REST soient principalement utilisées avec des clients non basés sur des navigateurs, elles peuvent encore être vulnérables aux attaques **CSRF**. Pour se protéger contre ces attaques, vous pouvez utiliser des **jetons CSRF** pour valider les requêtes.

1. **Générer un Jeton CSRF** lors de l'authentification de l'utilisateur.
2. **Inclure le Jeton CSRF** dans les en-têtes des requêtes.
3. **Valider le Jeton CSRF** côté serveur avant d'exécuter la requête.

```
String csrfTokenFromRequest = request.getHeader("X-CSRF-Token");

String csrfTokenFromSession = (String) session.getAttribute("csrf_token");

if (csrfTokenFromRequest == null || !csrfTokenFromRequest.equals(csrfTokenFromSession)) {

response.sendError(HttpServletResponse.SC_FORBIDDEN, "Invalid CSRF token.");

}
```

18.5. Sécuriser les Communications avec HTTPS

TOUTES LES COMMUNICATIONS entre le client et le serveur doivent être sécurisées avec **HTTPS** pour garantir que les données échangées ne sont pas interceptées par des tiers. HTTPS chiffre toutes les requêtes et réponses, y compris les informations sensibles comme les jetons d'authentification et les données des utilisateurs.

18.5.1. Configuration HTTPS sur un Serveur Tomcat

POUR CONFIGURER HTTPS sur **Tomcat**, vous devez obtenir un certificat SSL et configurer **server.xml** pour activer les connexions HTTPS.

```
<Connector port="8443" protocol="org.apache.coyote.http11.Http11NioProtocol"

maxThreads="150" SSLEnabled="true">

<SSLHostConfig>

<Certificate certificateKeystoreFile="conf/keystore.jks"

type="RSA" />

</SSLHostConfig>

</Connector>
```

CELA GARANTIT QUE TOUTES les communications avec votre API REST seront chiffrées et sécurisées.

18.6. Limitation du Taux de Requêtes (Rate Limiting)

LA **limitation du taux de requêtes** est une méthode efficace pour protéger une API contre les abus, comme les attaques de type déni de service (DoS). Cela permet de limiter le nombre de requêtes qu'un client peut faire dans une période donnée.

Implémentation de la Limitation du Taux

VOUS POUVEZ UTILISER des bibliothèques comme **Bucket4j** pour implémenter la limitation du taux de requêtes dans une API Java.

Exemple avec Bucket4j :

```
Bucket bucket = Bucket4j.builder()

.addLimit(Bandwidth.simple(10, Duration.ofMinutes(1))) // 10 requêtes par minute

.build();

public void handleRequest(HttpServletRequest request, HttpServletResponse response) throws IOException {

if (bucket.tryConsume(1)) {

// Traiter la requête

response.getWriter().write("Requête traitée avec succès.");

} else {

response.sendError(HttpServletResponse.SC_TOO_MANY_REQUESTS, "Trop de requêtes.");

}

}
```

DANS CET EXEMPLE, LE client est limité à 10 requêtes par minute, et toute requête excédentaire sera rejetée avec un statut **429 Too Many Requests**.

18.7. Bonnes Pratiques pour Sécuriser les API

REST

1. **Utiliser l'authentification basée sur les jetons (JWT)** : Cela permet de sécuriser l'accès à l'API tout en offrant une solution d'authentification légère et efficace.
2. **Limiter les accès par rôle** : Assurez-vous que seuls les utilisateurs autorisés ont accès aux ressources critiques en utilisant un contrôle d'accès basé sur les rôles (RBAC).
3. **Protéger les communications avec HTTPS** : Utilisez HTTPS pour garantir que toutes les données échangées entre le client et le serveur sont chiffrées.
4. **Limiter le nombre de requêtes** : Implémentez des mécanismes de limitation du taux pour empêcher les abus et les attaques DoS.
5. **Valider toutes les entrées** : Ne jamais faire confiance aux données d'entrée. Utilisez des requêtes préparées et des filtres d'entrée pour éviter les injections SQL et XSS.

DANS CE CHAPITRE, NOUS avons exploré les différentes techniques pour sécuriser une **API REST** dans une application Web Java. De l'authentification avec **JWT** à la protection contre les attaques courantes comme les injections SQL et CSRF, ces pratiques permettent de garantir que votre API REST est robuste, sécurisée et résiliente contre les menaces externes. La sécurisation des API est cruciale pour protéger les données des utilisateurs et garantir le bon fonctionnement de l'application en production.

Chapitre 19 : Maintenance et Mise à Jour des Applications Web Java en Production

Une fois une application Web Java déployée en production, le travail ne s'arrête pas là. Assurer la maintenance continue et gérer les mises à jour de manière efficace sont des aspects critiques pour garantir la disponibilité de l'application et offrir une expérience utilisateur fluide. Dans ce chapitre, nous allons explorer les meilleures pratiques pour maintenir une application en production, effectuer des mises à jour sans interruption, et utiliser des outils de surveillance pour anticiper les problèmes potentiels.

19.1. Surveillance des Applications en Production

LA **surveillance des applications** est essentielle pour garantir que l'application fonctionne correctement et détecter rapidement les problèmes. Il est important de surveiller les performances de l'application, l'utilisation des ressources et les erreurs afin de réagir rapidement aux incidents.

19.1.1. Surveillance des Performances avec des Outils de Monitoring

DES OUTILS DE SURVEILLANCE comme **Prometheus**, **Grafana**, **New Relic** ou **Datadog** permettent de suivre en temps réel l'utilisation de la mémoire, de la CPU, des disques, et le nombre de requêtes traitées par l'application.

- **Prometheus** : Collecte des métriques sur les performances de l'application.

- **Grafana** : Visualise les métriques sous forme de graphiques.
- **New Relic** : Fournit des informations détaillées sur le temps de réponse des requêtes et les goulots d'étranglement dans l'application.

Exemple de surveillance des performances avec Prometheus :

```
prometheus.yml:

- job_name: 'java_app'

static_configs:

- targets: ['localhost:8080']
```

UNE FOIS LES MÉTRIQUES collectées, elles peuvent être visualisées dans **Grafana** sous forme de graphiques et d'alertes.

19.1.2. Surveillance des Logs d'Erreur

LES **logs d'erreurs** sont une source précieuse d'information sur les problèmes rencontrés par l'application en production. Des outils comme **ELK Stack** (Elasticsearch, Logstash, Kibana) ou **Splunk** permettent de centraliser les logs, de les analyser, et de définir des alertes pour des erreurs critiques.

Exemple d'utilisation de Logstash pour analyser les logs :

```
input {

file {

path => "/var/log/tomcat/catalina.out"

}

}
```

```
filter {
grok {
match => { "message" => "%{TIMESTAMP_ISO8601:timestamp} %{LOGLEVEL:level} - %{GREEDYDATA:message}" }
}
}
output {
elasticsearch {
hosts => ["localhost:9200"]
index => "tomcat-logs"
}
}
```

CELA PERMET DE RECHERCHER et d'analyser les erreurs dans Kibana à partir des logs de Tomcat.

19.2. Gestion des Mises à Jour et Déploiement sans Interruption

LES MISES À JOUR EN production doivent être effectuées avec soin pour éviter les interruptions de service. Des techniques comme le **blue-green deployment** et le **canary deployment** permettent de mettre à jour l'application sans impacter les utilisateurs.

19.2.1. Blue-Green Deployment

LE **blue-green deployment** consiste à avoir deux environnements de production (blue et green), l'un actif et l'autre en attente. Lorsqu'une nouvelle version est prête, elle est déployée dans l'environnement inactif. Si tout fonctionne correctement, le trafic est redirigé vers cet environnement. Cette méthode permet de revenir à la version précédente en cas de problème.

Étapes du Blue-Green Deployment :

1. **Déployer la nouvelle version** de l'application sur l'environnement inactif (par exemple, le serveur "Green").
2. **Tester** la nouvelle version dans cet environnement.
3. Si les tests sont réussis, **rediriger le trafic** des utilisateurs vers cet environnement.
4. **Désactiver l'environnement précédent** (par exemple, le serveur "Blue").

19.2.2. Canary Deployment

LE **canary deployment** consiste à déployer une nouvelle version de l'application uniquement pour une petite portion des utilisateurs (par exemple, 10 %), tout en maintenant la version précédente pour les autres utilisateurs. Si tout se passe bien, la nouvelle version est progressivement déployée pour tous les utilisateurs.

Avantages :

- Permet de tester la nouvelle version dans des conditions réelles.
- Réduit les risques en cas de problème.

Exemple de configuration avec un Load Balancer :

```
server {

listen 80;

location / {

proxy_pass http://canary-server; # Nouveau serveur (10 % du trafic)
```

proxy_pass http://production-server; # Serveur actuel (90 % du trafic)

}

}

Cela permet de distribuer une petite partie du trafic vers le nouveau serveur.

19.3. Sauvegardes et Plan de Reprise après Sinistre (Disaster Recovery)

IL EST CRUCIAL DE METTRE en place un **plan de reprise après sinistre** pour garantir que l'application puisse être restaurée rapidement en cas de défaillance majeure, d'attaque, ou de panne. Cela inclut la mise en place de **sauvegardes régulières** et la définition de **procédures de restauration**.

19.3.1. Sauvegardes Automatisées

- **Base de données** : Les bases de données doivent être sauvegardées régulièrement pour éviter la perte de données. Utilisez des outils comme **mysqldump** pour les bases de données MySQL ou les services de sauvegarde automatisée fournis par des hébergeurs cloud.

EXEMPLE DE COMMANDE de sauvegarde MySQL :

mysqldump -u root -p prod_db > backup.sql

- **Fichiers de configuration et logs** : Les fichiers de configuration critiques et les logs importants doivent être sauvegardés pour faciliter la reprise après une panne.

19.3.2. Plan de Reprise après Sinistre (DRP)

UN **plan de reprise après sinistre** définit les étapes à suivre en cas de panne majeure. Voici les éléments clés à inclure dans un DRP :

1. **Identification des ressources critiques** (base de données, serveurs de production).
2. **Procédures de restauration** : Comment restaurer les bases de données, les fichiers, et les services.
3. **Tests réguliers de reprise** : Vérifiez régulièrement que les sauvegardes peuvent être restaurées et que le plan fonctionne.

19.4. Gestion des Versions et du Code Source

GÉRER LES DIFFÉRENTES versions de l'application est essentiel pour garantir que les nouvelles fonctionnalités et correctifs de sécurité peuvent être intégrés de manière fluide. Utiliser des **systèmes de gestion de versions (VCS)**, comme **Git**, permet de suivre les modifications, de gérer les branches et de revenir facilement à une version précédente en cas de problème.

19.4.1. Utilisation de Git pour la Gestion des Versions

VOICI QUELQUES BONNES pratiques pour utiliser **Git** dans un contexte de production :

- **Branching** : Utilisez des branches pour isoler les nouvelles fonctionnalités. La branche **master** ou **main** doit toujours représenter une version stable de l'application.
- **Tags** : Utilisez des **tags** Git pour marquer les versions stables prêtes pour la production.

Exemple de création d'un tag pour une version stable :

```
git tag -a v1.0.0 -m "Version 1.0.0 stable"

git push origin v1.0.0
```

- **Merge Request (Pull Request)** : Utilisez des **pull requests** pour réviser et fusionner les modifications avant de les déployer en production.

19.4.2. Intégration Continue et Déploiement Continu (CI/CD)

LES PIPELINES **CI/CD** permettent d'automatiser la compilation, les tests et le déploiement des nouvelles versions de l'application. Des outils comme **Jenkins**, **GitLab CI**, ou **CircleCI** peuvent être utilisés pour configurer un pipeline de déploiement automatisé.

19.5. Monitoring de la Sécurité et des Vulnérabilités

MAINTENIR LA SÉCURITÉ d'une application en production est un processus continu. Il est essentiel de surveiller les vulnérabilités, de maintenir les dépendances à jour et de réagir rapidement aux failles de sécurité découvertes.

19.5.1. Mise à Jour des Dépendances

LES DÉPENDANCES (BIBLIOTHÈQUES, frameworks) utilisées dans l'application doivent être régulièrement mises à jour pour corriger les vulnérabilités de sécurité. Utilisez des outils comme **OWASP Dependency-Check** pour analyser les dépendances et identifier les failles.

Exemple d'analyse des dépendances avec OWASP Dependency-Check :

dependency-check—project MyApp—scan /path/to/your/project

CELA GÉNÈRE UN RAPPORT des dépendances vulnérables avec des recommandations de mise à jour.

19.5.2. Surveillance des Activités Suspectes

LES ACTIVITÉS SUSPECTES, telles que les tentatives de connexion échouées, les accès non autorisés et les requêtes anormales, doivent être surveillées en temps réel. Des systèmes comme **Fail2Ban** peuvent être utilisés pour bloquer automatiquement les adresses IP suspectes.

Exemple de configuration de Fail2Ban pour Tomcat :

```
[apache-tomcat]

enabled = true

port = 8080

filter = apache-tomcat

logpath = /var/log/tomcat/catalina.out

maxretry = 5
```

19.6. Bonnes Pratiques pour la Maintenance des Applications en Production

1. **Surveiller l'application en temps réel** : Utilisez des outils de monitoring pour suivre les performances, les erreurs et les incidents en production.
2. **Automatiser les sauvegardes** : Planifiez des sauvegardes régulières des bases de données et des fichiers critiques, et testez régulièrement les restaurations.
3. **Utiliser des techniques de déploiement sans interruption** :

Adoptez des approches comme le blue-green deployment ou le canary deployment pour minimiser l'impact des mises à jour en production.

4. **Maintenir les dépendances à jour** : Surveillez régulièrement les vulnérabilités des dépendances et effectuez les mises à jour nécessaires.
5. **Préparer un plan de reprise après sinistre** : Assurez-vous d'avoir un plan documenté et testé pour restaurer rapidement les services en cas de panne majeure.

DANS CE CHAPITRE, NOUS avons abordé les aspects essentiels de la **maintenance et de la mise à jour des applications Web Java en production**. De la surveillance proactive des performances à la gestion des versions et des mises à jour sans interruption, ces pratiques garantissent que votre application reste stable, performante et sécurisée tout au long de son cycle de vie en production. En suivant ces pratiques, vous pouvez réduire les risques d'incidents majeurs et garantir une expérience utilisateur optimale.

Chapitre 20 : Documentation et Gestion de la Qualité du Code dans les Applications Web Java

La documentation et la gestion de la qualité du code sont des aspects souvent sous-estimés mais essentiels du développement d'une application Web Java. Un code bien documenté et structuré facilite la collaboration entre les développeurs, réduit les erreurs, et garantit que l'application peut être maintenue et mise à jour à long terme. Dans ce chapitre, nous allons explorer les meilleures pratiques en matière de documentation et de gestion de la qualité du code, ainsi que les outils qui peuvent être utilisés pour automatiser et maintenir la qualité du code.

20.1. Importance de la Documentation du Code

LA DOCUMENTATION DU code joue un rôle crucial dans la compréhension de l'architecture et de la logique d'une application. Elle permet aux nouveaux développeurs d'entrer rapidement dans un projet, facilite la collaboration entre les équipes, et aide à identifier rapidement les zones problématiques ou à risque.

20.1.1. Documentation en Ligne avec des Commentaires JavaDoc

JAVADOC est un outil intégré dans Java qui permet de générer automatiquement une documentation HTML à partir des commentaires du code source. En ajoutant des commentaires **JavaDoc**

à vos classes et méthodes, vous pouvez documenter leur objectif, leurs paramètres et leurs retours de manière standardisée.

Exemple de Commentaire JavaDoc :

```
/**

* Cette classe gère les opérations CRUD pour les utilisateurs.

*/

public class UserService {

/**

* Crée un nouvel utilisateur.
```

```
* @PARAM USER L'OBJET utilisateur à créer.

* @return L'utilisateur créé.

* @throws IllegalArgumentException si les informations de l'utilisateur sont invalides.

*/

public User createUser(User user) throws IllegalArgumentException {

// Logique de création d'utilisateur

}

}
```

LORSQUE LE PROJET EST compilé, la documentation générée peut être visualisée sous forme de pages HTML décrivant chaque classe et méthode.

20.1.2. Documentation des API REST

POUR LES APPLICATIONS Web qui exposent des **API REST**, il est important de documenter les points de terminaison de l'API, les paramètres attendus, les formats de réponse et les erreurs possibles. Un outil comme **Swagger** peut être utilisé pour générer automatiquement la documentation de l'API à partir des annotations Java.

Exemple de Documentation API avec Swagger :

```
import io.swagger.annotations.Api;

import io.swagger.annotations.ApiOperation;

@Api(value = "User Management", description = "Opérations pour gérer les utilisateurs")

@RestController

@RequestMapping("/api/users")

public class UserController {

@ApiOperation(value = "Récupère la liste de tous les utilisateurs")

@GetMapping

public List<User> getAllUsers() {

return userService.getAllUsers();

}

@ApiOperation(value = "Crée un nouvel utilisateur")

@PostMapping

public User createUser(@RequestBody User user) {

return userService.createUser(user);

}

}
```

SWAGGER GÉNÈRE UNE interface web conviviale où les développeurs peuvent interagir avec l'API, explorer les points de terminaison, et voir des exemples de requêtes et réponses.

20.2. Commentaires Structurés et Clairs

LES COMMENTAIRES DANS le code doivent être utilisés de manière judicieuse pour améliorer la lisibilité et expliquer les décisions techniques importantes. Ils ne doivent pas répéter le code, mais fournir des informations supplémentaires utiles pour comprendre le contexte ou des choix complexes.

20.2.1. Éviter les Commentaires Superflus

UN BON CODE EST GÉNÉRALEMENT **auto-documenté**, ce qui signifie que les noms des classes, des méthodes, et des variables doivent être suffisamment explicites pour que le lecteur puisse comprendre le code sans avoir besoin de beaucoup de commentaires.

Mauvais Exemple de Commentaire :

```
int i = 0; // Initialiser i à zéro

for (i = 0; i < 10; i++) {

// Incrémenter i

System.out.println(i);

}
```

Dans cet exemple, les commentaires sont inutiles, car le code est déjà suffisamment clair.

20.2.2. Utiliser des Commentaires pour Expliquer les Choix Complexes

LES COMMENTAIRES DOIVENT expliquer les décisions techniques, les algorithmes complexes, ou des aspects du code qui pourraient ne pas être évidents pour un lecteur non familier avec le projet.

Bon Exemple de Commentaire :

```
// Utilisation d'un algorithme de tri rapide pour garantir les performances sur de grands ensembles de données

quickSort(array);
```

CE TYPE DE COMMENTAIRE explique **pourquoi** une certaine approche a été choisie, ce qui aide les développeurs qui maintiendront le code à comprendre les décisions prises.

20.3. Outils d'Analyse Statique pour Assurer la Qualité du Code

LES **outils d'analyse statique** permettent de détecter automatiquement les erreurs de style, les mauvaises pratiques de programmation, et les potentiels problèmes de performance ou de sécurité dans le code avant même qu'il soit exécuté.

20.3.1. Utiliser SonarQube pour l'Analyse Statique

SONARQUBE est un outil d'analyse statique populaire qui permet d'évaluer la qualité du code en fonction de divers critères, tels que les **bugs**, les **vulnérabilités**, les **codes duplicats**, et le respect des **normes de codage**.

Exemple de Configuration Maven pour SonarQube :

```
<build>
<plugins>
<plugin>
<groupId>org.sonarsource.scanner.maven</groupId>
<artifactId>sonar-maven-plugin</artifactId>
<version>3.7.0.1746</version>
</plugin>
</plugins>
</build>
```

SonarQube génère un rapport détaillé sur la qualité du code, en identifiant les problèmes et en proposant des solutions pour les corriger.

20.3.2. Utiliser Checkstyle et PMD

CHECKSTYLE et **PMD** sont des outils légers qui analysent le style de codage et les mauvaises pratiques. Ils aident à faire respecter des conventions de codage standardisées dans une équipe.

Exemple d'utilisation de Checkstyle :

```
mvn checkstyle:check
```

Checkstyle vérifie si le code respecte les conventions de codage définies (par exemple, l'indentation, la longueur des lignes, etc.).

20.4. Gestion des Tests Unitaires et de l'Intégration Continue

LES **tests unitaires** et l'**intégration continue** (**CI**) jouent un rôle clé dans le maintien de la qualité du code et garantissent que les nouvelles modifications n'introduisent pas de régressions.

20.4.1. Écriture de Tests Unitaires avec JUnit

LES TESTS UNITAIRES permettent de vérifier que chaque composant du code fonctionne correctement de manière isolée. **JUnit** est la bibliothèque standard en Java pour écrire des tests unitaires.

Exemple de Test Unitaire avec JUnit :

```
import static org.junit.Assert.assertEquals;

import org.junit.Test;

public class UserServiceTest {

@Test

public void testCreateUser() {

User user = new User("John", "john@example.com");

User createdUser = userService.createUser(user);

assertEquals("John", createdUser.getName());

assertEquals("john@example.com", createdUser.getEmail());

}

}
```

20.4.2. Mise en Place de Pipelines CI/CD

LES PIPELINES **CI/CD** automatisent l'exécution des tests unitaires à chaque modification du code. Des outils comme **Jenkins**, **Travis CI**, ou **GitLab CI** permettent de configurer des pipelines qui compilent le code, exécutent les tests, et déploient automatiquement l'application si les tests réussissent.

Exemple de Pipeline Jenkins pour Tester et Déployer :

```
pipeline {
agent any
stages {
stage('Build') {
steps {
sh 'mvn clean package'
}
}
stage('Test') {
steps {
sh 'mvn test'
}
}
stage('Deploy') {
steps {
sh 'scp target/yourapp.war user@server:/opt/tomcat/webapps/'
}
}
}
}
```

Ce pipeline compile l'application, exécute les tests unitaires, puis déploie la nouvelle version si les tests passent.

20.5. Révision de Code et Collaboration

LES RÉVISIONS DE CODE (**code reviews**) sont un excellent moyen de garantir la qualité du code, d'améliorer la collaboration au sein de l'équipe et de partager les connaissances.

20.5.1. Utiliser Git pour les Pull Requests

LES **pull requests** permettent aux développeurs de proposer des modifications qui doivent être approuvées par d'autres membres de l'équipe avant d'être fusionnées dans la branche principale.

Étapes pour Créer une Pull Request :

1. Créez une nouvelle branche pour vos modifications.
2. Faites vos modifications dans cette branche.
3. Poussez la branche sur le dépôt distant.
4. Ouvrez une pull request via l'interface GitHub, GitLab, ou Bitbucket.

Les autres membres de l'équipe peuvent commenter et suggérer des améliorations avant la fusion.

20.5.2. Automatiser les Revues de Code avec des Outils

DES OUTILS COMME **CodeClimate** ou **Codacy** permettent d'automatiser l'évaluation du code en analysant les pull requests et en fournissant des retours instantanés sur la qualité du code, le style, et les vulnérabilités potentielles.

20.6. Bonnes Pratiques pour la Gestion de la

Qualité du Code

1. **Documenter tout le code critique** : Utilisez des commentaires JavaDoc pour documenter les classes, méthodes, et API importantes.
2. **Rédiger des tests unitaires** : Assurez-vous que chaque composant du code est correctement testé, et maintenez un haut taux de couverture de test.
3. **Utiliser des outils d'analyse statique** : Intégrez des outils comme SonarQube, Checkstyle, ou PMD dans votre pipeline pour garantir la qualité du code.
4. **Effectuer des revues de code régulières** : Encouragez la collaboration et les échanges autour du code via des revues de code avant chaque fusion dans la branche principale.
5. **Mettre en place des pipelines CI/CD** : Automatiser l'exécution des tests et le déploiement garantit une livraison continue et fiable.

DANS CE CHAPITRE, NOUS avons examiné l'importance de la documentation et de la gestion de la qualité du code dans les applications Web Java. Des commentaires JavaDoc à l'automatisation des tests avec des pipelines CI/CD, ces pratiques garantissent que le code reste compréhensible, maintenable et de haute qualité. En suivant ces pratiques, les équipes de développement peuvent collaborer efficacement et maintenir une base de code saine sur le long terme.

Chapitre 21 : Perspectives Futures des Applications Web Java et de l'IA

Le développement des applications Web évolue rapidement avec l'essor des technologies d'intelligence artificielle et des nouvelles architectures cloud. Java, en tant que l'un des langages de programmation les plus utilisés pour les applications d'entreprise, continue de s'adapter à ces tendances émergentes. Dans ce chapitre, nous allons explorer les nouvelles technologies et les opportunités offertes par l'IA, ainsi que les futures innovations dans les architectures logicielles.

21.1. Évolution des Architectures Logicielles : Microservices et Serverless

L'ARCHITECTURE DES applications Web Java a évolué pour répondre aux besoins d'évolutivité, de flexibilité, et de maintenabilité. Parmi les tendances actuelles, les **microservices** et l'architecture **serverless** ont un impact significatif sur la manière dont les applications Java sont conçues et déployées.

21.1.1. Architecture Microservices

DANS UNE ARCHITECTURE **microservices**, une application est divisée en petits services autonomes, chacun responsable d'une fonction spécifique. Cela permet de déployer et de mettre à jour des parties individuelles de l'application sans impacter l'ensemble du système.

Caractéristiques des Microservices :

- **Indépendance** : Chaque service fonctionne indépendamment et peut être développé et déployé séparément.
- **Communication par API** : Les services communiquent entre eux via des **API REST** ou **gRPC**.
- **Évolutivité** : Chaque microservice peut être mis à l'échelle individuellement selon les besoins de charge.

Java dans les Microservices : Java est largement utilisé pour développer des microservices, notamment avec des frameworks comme **Spring Boot** ou **Micronaut**, qui facilitent la création de services légers et rapides.

Exemple avec Spring Boot :

```
@RestController

@RequestMapping("/api/users")

public class UserController {

@GetMapping

public List<User> getAllUsers() {

// Logique pour récupérer tous les utilisateurs

}

@PostMapping

public User createUser(@RequestBody User user) {

// Logique pour créer un utilisateur

}

}
```

21.1.2. Architecture Serverless

AVEC L'ARCHITECTURE **serverless**, les développeurs n'ont plus à gérer directement les serveurs. Les services cloud, tels qu'**AWS Lambda**, **Google Cloud Functions**, ou **Azure Functions**, exécutent automatiquement le code en réponse à des événements, ce qui permet une mise à l'échelle automatique et une gestion simplifiée.

Caractéristiques de l'Architecture Serverless :

- **Pas de gestion de serveurs** : Le fournisseur cloud gère automatiquement l'infrastructure.
- **Mise à l'échelle automatique** : Les fonctions serverless s'adaptent automatiquement en fonction du nombre de requêtes.
- **Facturation à l'usage** : Les coûts sont basés uniquement sur l'exécution des fonctions, ce qui réduit les dépenses pour les petites applications.

Java dans Serverless : Java peut être utilisé dans des environnements serverless, bien que des optimisations soient nécessaires pour réduire le temps de démarrage, surtout avec des frameworks comme **Quarkus** et **GraalVM**, qui offrent des démarrages plus rapides pour les fonctions serverless.

21.2. Intégration de l'Intelligence Artificielle dans les Applications Web Java

L'**intelligence artificielle (IA)** a ouvert de nouvelles possibilités pour les applications Web, en particulier dans les domaines de la personnalisation, de l'automatisation et de la gestion des données. Intégrer des fonctionnalités d'IA dans des applications Java permet d'améliorer l'expérience utilisateur et de développer des systèmes plus intelligents.

21.2.1. Chatbots et Assistants Virtuels

LES **chatbots** basés sur l'IA, tels que ceux alimentés par **ChatGPT** et d'autres modèles de traitement du langage naturel, peuvent être intégrés dans les applications Web Java pour fournir un support client automatisé, répondre aux questions fréquentes, ou même effectuer des tâches complexes.

Exemple d'Intégration d'un Chatbot dans une Application Java :

```
public class ChatbotService {

private static final String API_KEY = "votre_cle_api_openai";

public String getChatbotResponse(String userInput) {

// Logique pour appeler l'API OpenAI et retourner la réponse du chatbot

return OpenAIClient.sendRequest(userInput);

}

}
```

CES SYSTÈMES PEUVENT être étendus pour inclure la gestion des demandes complexes, la recommandation de produits ou l'assistance aux utilisateurs dans des processus métier.

21.2.2. Systèmes de Recommandation

LES **systèmes de recommandation** sont une autre application courante de l'IA, permettant de personnaliser l'expérience utilisateur en fonction de ses préférences ou de son historique d'utilisation. En analysant les interactions des utilisateurs, une application peut recommander des produits, des articles ou des contenus pertinents.

Exemple d'Utilisation d'un Système de Recommandation :

```
public class RecommendationService {

public List<Product> recommendProducts(User user) {

// Logique d'apprentissage automatique pour recommander des produits basés sur les préférences de l'utilisateur

}

}
```

Java peut être utilisé pour développer ces systèmes, notamment avec des bibliothèques comme **Apache Mahout** ou **Weka** pour l'apprentissage automatique et la création de modèles de recommandation.

21.2.3. Automatisation des Tâches avec l'IA

L'IA PEUT ÉGALEMENT être utilisée pour automatiser des tâches complexes dans les applications Web, comme la génération de code, l'analyse de grandes quantités de données, ou la détection d'anomalies dans les transactions. Des modèles de machine learning ou de deep learning peuvent être intégrés dans des applications Java pour automatiser ces processus.

21.3. L'Impact du Cloud et du DevOps sur le Développement Java

LE **cloud computing** et les pratiques **DevOps** ont transformé la manière dont les applications Java sont développées, testées et déployées. Ces innovations facilitent la collaboration entre les équipes de développement et d'exploitation, tout en rendant les applications plus flexibles et plus faciles à maintenir.

21.3.1. Déploiement des Applications Java dans le Cloud

LES SERVICES CLOUD, tels qu'**AWS**, **Google Cloud**, ou **Microsoft Azure**, permettent de déployer des applications Java à grande échelle sans se soucier de l'infrastructure sous-jacente. Les plateformes **Platform-as-a-Service (PaaS)** comme **Heroku** ou **AWS Elastic Beanstalk** simplifient le déploiement des applications Java avec des configurations minimales.

Exemple de Déploiement d'une Application Java sur AWS Elastic Beanstalk :

```
eb init

eb create my-java-app-env

eb deploy
```

Cela permet de déployer une application Web Java sur un environnement cloud en quelques commandes, tout en bénéficiant de la mise à l'échelle automatique, de la surveillance et de la sécurité du cloud.

21.3.2. Intégration des Pratiques DevOps

LES PRATIQUES **DevOps** visent à automatiser et à améliorer la collaboration entre les équipes de développement et d'exploitation. Des outils comme **Docker**, **Kubernetes**, et **Jenkins** sont largement utilisés pour créer des pipelines CI/CD, où les applications Java sont automatiquement testées, déployées et surveillées.

Exemple d'utilisation de Docker pour Conteneuriser une Application Java :

```
FROM openjdk:11

COPY target/app.jar /usr/src/app.jar
```

```
WORKDIR /usr/src

CMD ["java", "-jar", "app.jar"]
```

KUBERNETES permet ensuite de gérer des clusters de conteneurs Java à grande échelle, garantissant la haute disponibilité et la résilience des applications.

21.4. Tendances Futures dans l'Écosystème Java

LE LANGAGE JAVA CONTINUE d'évoluer pour répondre aux besoins modernes du développement logiciel. Voici quelques tendances à suivre dans les prochaines années :

21.4.1. Java et l'Économie de l'Énergie

AVEC LA CROISSANCE des applications cloud et les préoccupations croissantes en matière de **consommation d'énergie**, Java pourrait jouer un rôle clé dans le développement de **logiciels éco-responsables**. Des initiatives comme **Project Leyden** visent à optimiser les performances de démarrage des applications Java et à réduire leur empreinte mémoire.

21.4.2. Java et le Machine Learning

BIEN QUE PYTHON DOMINE actuellement le domaine du **machine learning**, Java rattrape son retard avec des bibliothèques comme **DeepLearning4J**, **Weka**, et **ND4J**, qui permettent de développer des applications d'intelligence artificielle directement en Java. Cela ouvre des opportunités pour intégrer des modèles de machine learning plus facilement dans des environnements d'entreprise basés sur Java.

21.5. Bonnes Pratiques pour l'Intégration des Nouvelles Technologies

1. **Adopter progressivement les microservices** : Commencez par décomposer des modules non critiques de l'application pour tester l'architecture microservices avant de migrer des systèmes plus complexes.
2. **Utiliser des frameworks optimisés pour serverless** : Si vous adoptez le modèle serverless, choisissez des frameworks comme **Quarkus** ou **Micronaut** pour des démarrages rapides et des exécutions légères.
3. **Expérimenter avec l'IA** : Intégrez progressivement des fonctionnalités d'IA dans des parties spécifiques de votre application, comme les chatbots ou les recommandations de contenu, pour améliorer l'expérience utilisateur.
4. **Automatiser le pipeline CI/CD** : Utilisez des outils DevOps pour automatiser le déploiement et la mise à l'échelle de vos applications Java, en réduisant les interventions manuelles.

DANS CE CHAPITRE, NOUS avons exploré les **perspectives futures des applications Web Java** et les **technologies émergentes** qui transforment le développement logiciel. De l'architecture microservices à l'intégration de l'IA, Java continue de s'adapter aux nouvelles tendances, offrant aux développeurs des outils puissants pour créer des applications plus intelligentes et plus évolutives. En adoptant ces innovations, vous pouvez positionner votre application pour répondre aux défis technologiques de demain.

Chapitre 22 : Défis Courants et Solutions Pratiques dans le Développement des Applications Web Java

Le développement d'une application Web Java, bien qu'efficace et robuste, présente souvent des défis techniques et organisationnels. Comprendre ces défis et connaître les solutions adéquates permet de gagner en productivité et de développer des applications plus stables et performantes. Dans ce dernier chapitre, nous allons explorer les problèmes fréquents rencontrés dans les projets Java, ainsi que des solutions et des meilleures pratiques pour les résoudre.

22.1. Gestion des Performances dans les Applications Java

LA GESTION DES PERFORMANCES est un défi courant dans les applications Web Java, notamment lorsque le volume d'utilisateurs augmente ou que des opérations intensives en ressources sont nécessaires. Plusieurs facteurs, tels que la gestion des bases de données, la consommation de mémoire, et l'optimisation du code, peuvent influencer la performance globale de l'application.

22.1.1. Problème : Requêtes Lentes à la Base de Données

UNE DES PRINCIPALES causes des ralentissements dans une application Web Java est l'exécution de requêtes SQL inefficaces. Cela peut se produire lorsque les requêtes sont mal écrites, lorsque les bases de données sont mal optimisées, ou lorsque le nombre de requêtes augmente de manière exponentielle avec la croissance des utilisateurs.

Solution : Utiliser des **requêtes préparées** et **optimiser les index** dans la base de données. Les requêtes préparées non seulement améliorent les performances mais réduisent également les risques d'injections SQL.

```
String sql = "SELECT * FROM Users WHERE email = ?";

PreparedStatement statement = connection.prepareStatement(sql);

statement.setString(1, email);

ResultSet resultSet = statement.executeQuery();
```

Il est également important d'utiliser des outils comme **MySQL Workbench** pour analyser et optimiser les performances des bases de données.

22.1.2. Problème : Consommation Mémoire Excessive

LES APPLICATIONS JAVA peuvent souffrir de **fuites de mémoire**, où la mémoire utilisée par l'application n'est pas correctement libérée, entraînant une consommation excessive de la mémoire et une lenteur générale.

Solution : Utiliser des outils de **profiling** comme **VisualVM** ou **JProfiler** pour identifier les objets qui ne sont pas correctement libérés. Il est également important d'utiliser des structures de données adaptées, comme des **WeakReferences**, pour éviter les fuites de mémoire.

```
WeakReference<MyObject> weakRef = new WeakReference<>(new MyObject());
```

Cela permet à la **garbage collection** de libérer les objets lorsqu'ils ne sont plus nécessaires.

22.2. Problèmes de Concurrence et de Threads

LES APPLICATIONS WEB Java, notamment celles qui doivent traiter plusieurs requêtes simultanément, sont souvent confrontées à des problèmes de **concurrence** et de gestion des threads. Les erreurs de synchronisation peuvent entraîner des **conditions de course** ou des **bloquages**, rendant l'application instable.

22.2.1. Problème : Conditions de Course

LES **conditions de course** se produisent lorsque deux threads ou plus accèdent simultanément aux mêmes ressources partagées sans synchronisation appropriée, ce qui peut entraîner des résultats imprévisibles.

Solution : Utiliser des mécanismes de synchronisation comme **synchronized** ou des outils de plus haut niveau comme les **Locks** de **java.util.concurrent** pour assurer un accès exclusif aux ressources partagées.

```
public synchronized void updateBalance(double amount) {

this.balance += amount;

}
```

Ou avec un verrou explicite :

```
Lock lock = new ReentrantLock();

lock.lock();

try {

// Code critique

} finally {

lock.unlock();
```

```
}
```

22.2.2. Problème : Deadlocks

LES **deadlocks** se produisent lorsque deux threads ou plus se bloquent mutuellement en attendant des ressources détenues par l'autre. Cela peut bloquer une partie critique de l'application.

Solution : Utiliser des outils comme **Thread Dump** ou **VisualVM** pour détecter les deadlocks, et éviter d'utiliser plusieurs verrous dans une seule méthode. Il est préférable de s'assurer que les verrous sont toujours acquis dans le même ordre.

22.3. Gestion des Exceptions et des Erreurs

UN AUTRE DÉFI COURANT dans les applications Web Java est la gestion des erreurs et des exceptions de manière à ne pas interrompre le fonctionnement de l'application tout en fournissant des messages d'erreur utiles.

Problème : Exceptions Non Gérées

LES EXCEPTIONS NON gérées peuvent causer des plantages inattendus de l'application et rendre difficile l'identification des causes profondes des erreurs.

Solution : Utiliser des blocs **try-catch** pour capturer et gérer les exceptions, et implémenter un **gestionnaire d'erreurs global** dans l'application.

```
try {
// Code susceptible de générer une exception
} catch (SQLException e) {
logger.error("Erreur lors de l'accès à la base de données", e);
```

```
throw new CustomDatabaseException("Impossible d'accéder à la base de données");

}
```

L'ajout d'un **gestionnaire d'erreurs global** dans le fichier **web.xml** permet de rediriger les utilisateurs vers une page d'erreur appropriée en cas d'erreur non gérée.

```
<error-page>

<exception-type>java.lang.Exception</exception-type>

<location>/error.jsp</location>

</error-page>
```

22.4. Problèmes de Sécurité dans les Applications Web Java

LA SÉCURITÉ EST UNE préoccupation majeure dans les applications Web, et il est essentiel de protéger les données des utilisateurs et de prévenir les attaques courantes comme les injections SQL, les attaques XSS, et le Cross-Site Request Forgery (CSRF).

22.4.1. Problème : Injection SQL

LES **injections SQL** se produisent lorsque les entrées de l'utilisateur ne sont pas correctement validées, permettant ainsi à des attaquants d'exécuter des requêtes malveillantes dans la base de données.

Solution : Toujours utiliser des **requêtes préparées** pour éviter les injections SQL.

```
String sql = "SELECT * FROM Users WHERE email = ?";

PreparedStatement statement = connection.prepareStatement(sql);

statement.setString(1, email);

ResultSet resultSet = statement.executeQuery();
```

22.4.2. Problème : Attaques XSS (Cross-Site Scripting)

LES ATTAQUES XSS SE produisent lorsque des scripts malveillants sont injectés dans des pages Web et exécutés dans le navigateur d'un utilisateur.

Solution : Échapper toutes les entrées utilisateur avant de les afficher dans le navigateur pour éviter l'exécution de scripts non désirés.

```
String safeInput = StringEscapeUtils.escapeHtml4(userInput);
```

Utiliser des bibliothèques comme **OWASP Java Encoder** permet également de sécuriser les sorties HTML.

22.5. Défis de Scalabilité

LES APPLICATIONS WEB Java doivent souvent être mises à l'échelle pour gérer un grand nombre d'utilisateurs et de transactions simultanées. Cependant, la scalabilité peut poser des défis en termes de gestion des ressources et de répartition de la charge.

22.5.1. Problème : Surutilisation des Ressources

LORSQUE LE NOMBRE DE requêtes simultanées augmente, une application Web peut être submergée, entraînant des temps de réponse lents ou des plantages.

Solution : Utiliser un **pool de connexions** pour gérer efficacement les connexions à la base de données et éviter d'ouvrir et de fermer des connexions à chaque requête.

```
HikariConfig config = new HikariConfig();

config.setJdbcUrl("jdbc:mysql://localhost:3306/mydb");

config.setUsername("root");

config.setPassword("password");
```

HikariDataSource dataSource = new HikariDataSource(config);

LES **load balancers** peuvent également être utilisés pour répartir la charge sur plusieurs serveurs.

22.5.2. Problème : Gestion des Sessions

LA GESTION DES SESSIONS peut devenir difficile lorsque l'application est distribuée sur plusieurs serveurs ou microservices.

Solution : Utiliser un système de stockage des sessions comme **Redis** pour centraliser la gestion des sessions dans une architecture distribuée.

22.6. Bonnes Pratiques pour Résoudre les Défis Communs

1. **Optimiser les performances** : Utilisez des requêtes SQL optimisées et des structures de données adaptées pour améliorer les performances de l'application.
2. **Gérer les exceptions correctement** : Implémentez un gestionnaire d'erreurs global et capturez les exceptions pour garantir que l'application ne plante pas.
3. **Protéger l'application contre les attaques** : Échapper les entrées utilisateur et utiliser des requêtes préparées pour protéger l'application contre les attaques de sécurité courantes.
4. **Prévoir la scalabilité** : Utilisez des techniques de mise en cache, des pools de connexions et des load balancers pour gérer la montée en charge.

CE DERNIER CHAPITRE a exploré les défis courants auxquels sont confrontés les développeurs d'applications Web Java, ainsi que des solutions pratiques pour les surmonter. En comprenant ces défis et en adoptant des bonnes pratiques, vous pouvez améliorer la stabilité, la sécurité et les performances de vos applications, garantissant ainsi leur succès à long terme.

Bonus : Techniques de Débogage des Erreurs dans les Applications Web Java

Le débogage est une phase essentielle du développement logiciel. Les erreurs et les bogues sont inévitables, mais savoir comment les identifier et les résoudre de manière efficace fait toute la différence dans la qualité et la stabilité d'une application. Dans cette partie, nous allons explorer des techniques de débogage, des outils, et des bonnes pratiques pour vous aider à résoudre les problèmes dans vos applications Web Java.

B.1. Approche Systématique pour Résoudre les Erreurs

LORSQUE VOUS RENCONTREZ une erreur dans une application, il est important d'aborder le débogage de manière méthodique afin d'identifier rapidement la source du problème et de le résoudre. Voici un processus étape par étape pour aborder le débogage :

B.1.1. Reproduire l'Erreur

LE PREMIER OBJECTIF du débogage est de **reproduire l'erreur** de manière cohérente. Cela vous permet de comprendre le contexte et les conditions dans lesquelles l'erreur survient.

- **Vérifiez les logs** : Analyser les logs d'erreur peut fournir des indices sur ce qui ne va pas et où le problème s'est produit. Les logs contiennent souvent des messages d'exception, des traces de pile et des informations sur les actions effectuées avant l'erreur.

```
tail -f /var/log/tomcat/catalina.out
```

- **Isoler l'environnement** : Essayez de reproduire l'erreur dans un environnement contrôlé (ex. : environnement de développement ou de test) pour vous assurer que l'erreur est reproductible sans autres variables externes.

B.1.2. Comprendre l'Erreur

UNE FOIS QUE L'ERREUR a été reproduite, il est essentiel de **comprendre le message d'erreur.** Cela inclut :

- **Lire la trace de pile** : La trace de pile (stack trace) montre l'endroit exact où l'exception s'est produite et les étapes qui y ont conduit. Cela vous permet d'identifier le point d'entrée du problème.

```
java.lang.NullPointerException: null
at com.example.UserService.getUser(UserService.java:25)
at com.example.UserController.getUser(UserController.java:15)
```

- **Vérifier les exceptions courantes** : Certaines exceptions en Java, comme **NullPointerException**, **ArrayIndexOutOfBoundsException**, et **SQLException**, sont courantes et peuvent souvent être résolues rapidement en comprenant leur origine. Pour une **NullPointerException**, vérifiez si une référence à un objet est utilisée sans être initialisée.

B.1.3. Simplifier le Code pour Identifier la Source

SI LE CODE EST COMPLEXE et que vous ne parvenez pas à identifier immédiatement la source du problème, vous pouvez **simplifier le code** pour isoler les éléments responsables de l'erreur.

- **Désactiver certaines fonctionnalités** : Désactivez temporairement certaines parties du code, telles que des méthodes ou des modules, pour voir si l'erreur persiste. Cela vous permet de réduire l'étendue du problème.

B.2. Outils de Débogage

IL EXISTE PLUSIEURS outils qui peuvent rendre le processus de débogage plus efficace. Voici quelques-uns des plus couramment utilisés dans l'environnement Java.

B.2.1. Utiliser un Débogueur (Debugger)

LES ENVIRONNEMENTS de développement intégrés (IDE) comme **Eclipse, IntelliJ IDEA** et **NetBeans** intègrent des débogueurs puissants qui permettent de **mettre des points d'arrêt** (breakpoints) et de suivre l'exécution du code pas à pas.

- **Points d'arrêt (Breakpoints)** : Un point d'arrêt est une instruction qui arrête l'exécution du programme à une ligne de code spécifique. Cela permet d'inspecter les variables, les états des objets et le flux d'exécution à un moment précis.

Exemple dans IntelliJ IDEA :

- Placez un point d'arrêt en cliquant à côté du numéro de ligne dans votre code.
- Exécutez l'application en mode débogage (bouton "Debug").
- Lorsque l'exécution s'arrête au point d'arrêt, inspectez les valeurs des variables.

- **Step In/Step Over** : Vous pouvez avancer pas à pas dans l'exécution du programme. **Step In** vous permet d'entrer dans une méthode, tandis que **Step Over** exécute la méthode sans entrer dans ses détails.

B.2.2. Utiliser des Logs pour le Débogage

MÊME SI LES DÉBOGUEURS sont puissants, l'utilisation de **logs** reste l'une des méthodes les plus efficaces pour suivre ce qui se passe dans une application, en particulier en production.

- **Ajouter des logs significatifs** : Utilisez des outils comme **SLF4J** avec **Log4j** ou **Logback** pour écrire des logs informatifs à différents niveaux (INFO, WARN, ERROR, DEBUG).

```
private static final Logger logger = LoggerFactory.getLogger(UserService.class);

public User getUserById(int id) {

logger.debug("Fetching user with id: {}", id);

User user = userRepository.findById(id);

if (user == null) {

logger.error("User not found with id: {}", id);

}

return user;

}
```

- **Utiliser différents niveaux de log** : Le niveau **DEBUG** est particulièrement utile en développement pour obtenir des informations détaillées sur le comportement du programme. En production, le niveau **ERROR** permet de capturer uniquement les erreurs critiques.

B.2.3. Analyse des Vidages de Threads (Thread Dumps)

LORSQU'UNE APPLICATION semble **bloquée** ou que des **problèmes de performance** surviennent, un **thread dump** peut fournir des informations cruciales sur l'état des threads en cours d'exécution et sur la cause potentielle du blocage.

- **Générer un Thread Dump** : Utilisez la commande suivante pour générer un thread dump dans une application Java en cours d'exécution :

```
kill -3 <PID> # Pour Linux/Unix
```

- **Analyser les Deadlocks** : Les thread dumps montrent également les threads bloqués, ce qui est utile pour diagnostiquer des problèmes de **deadlock** ou de concurrence.

B.2.4. Profiler les Applications Java

UN **profiler** permet d'identifier les goulets d'étranglement en termes de **performance** ou de **mémoire**. Des outils comme **VisualVM**, **YourKit**, ou **JProfiler** permettent de surveiller en temps réel l'utilisation du CPU, de la mémoire, et des threads dans votre application.

- **Détection des fuites de mémoire** : Les profilers peuvent montrer quels objets occupent le plus de mémoire et s'ils ne sont pas libérés correctement, ce qui peut causer des fuites de mémoire.

B.3. Bonnes Pratiques de Débogage

POUR MAXIMISER L'EFFICACITÉ du débogage, voici quelques bonnes pratiques à adopter.

B.3.1. Isoler le Problème

ESSAYEZ TOUJOURS D'ISOLER la partie du code qui cause le problème. Ne commencez pas à corriger le code avant d'être sûr d'avoir identifié la cause exacte.

B.3.2. Répéter le Débogage à chaque Modification

CHAQUE FOIS QUE VOUS effectuez une modification pour corriger une erreur, répétez le processus de débogage pour vérifier si l'erreur est réellement corrigée et s'il n'y a pas de nouveaux effets secondaires.

B.3.3. Collaborer avec l'Équipe

LE DÉBOGAGE PEUT PARFOIS être un processus complexe et collaboratif. N'hésitez pas à demander des avis ou des conseils à d'autres développeurs. Les **revues de code** peuvent aussi être un excellent moyen de détecter des erreurs avant qu'elles ne se retrouvent en production.

B.3.4. Éviter les Changements Soudains

LORSQUE VOUS CORRIGEZ des erreurs, effectuez des changements de manière progressive et testez chaque changement. Évitez de modifier trop de parties du code en même temps, car cela pourrait introduire de nouveaux problèmes.

B.4. Exemples Pratiques de Résolution d'Erreurs Courantes

VOICI QUELQUES ERREURS courantes que vous pouvez rencontrer dans une application Web Java, et des méthodes pratiques pour les résoudre.

B.4.1. NullPointerException

PROBLÈME : Un **NullPointerException** survient lorsque vous essayez d'utiliser une référence qui n'a pas été initialisée.

Solution : Vérifiez que les objets sont initialisés avant de les utiliser et ajoutez des contrôles pour éviter les valeurs nulles.

```
if (user != null) {
System.out.println(user.getName());
} else {
logger.warn("L'objet utilisateur est nul");
}
```

B.4.2. OutOfMemoryError

PROBLÈME : Un **OutOfMemoryError** survient lorsque l'application n'a plus de mémoire disponible pour allouer de nouveaux objets.

Solution : Identifiez les fuites de mémoire avec un profiler et assurez-vous que les objets inutilisés sont libérés. Augmentez également la taille maximale du tas Java (heap) si nécessaire.

```
java -Xmx2G -jar myapp.jar # Allouer 2 Go de mémoire
```

B.4.3. StackOverflowError

PROBLÈME : Un **StackOverflowError** survient généralement à cause d'une récursion infinie.

Solution : Révisez la logique de récursion pour ajouter une condition de terminaison.

```
public int factorial(int n) {
if (n <= 1) return 1; // Condition de terminaison
```

```
return n * factorial(n - 1);

}
```

LE DÉBOGAGE EST UN processus fondamental dans le cycle de vie du développement d'une application Web Java. Grâce aux outils de débogage modernes, aux logs bien structurés et à une approche méthodique, il est possible de résoudre efficacement la plupart des erreurs rencontrées. En appliquant les bonnes pratiques et en utilisant les outils appropriés, vous pouvez améliorer considérablement la stabilité et la fiabilité de votre application.

Conclusion Générale

Le développement d'applications Web Java est un voyage passionnant qui offre de nombreuses possibilités d'innovation et de créativité. Au cours de ce livre, nous avons exploré une vaste gamme de sujets essentiels pour construire des applications Web robustes, sécurisées et évolutives. Depuis les fondamentaux du développement Java jusqu'à l'intégration des technologies d'intelligence artificielle, nous avons parcouru les concepts clés, les meilleures pratiques, et les solutions aux défis courants rencontrés par les développeurs.

Nous avons abordé l'importance de la sécurisation des API REST, les architectures modernes comme les microservices et les approches serverless, ainsi que les techniques de gestion des performances et de scalabilité. Grâce à l'IA, nous avons également découvert comment rendre les applications plus intelligentes et automatiser des tâches complexes pour offrir des expériences utilisateur plus personnalisées et engageantes.

La **maintenance continue**, la **gestion des erreurs**, et le **débogage efficace** sont des compétences indispensables pour tout ingénieur logiciel. En vous armant de ces connaissances, vous êtes désormais bien positionné pour concevoir des applications Web Java de haute qualité qui répondent aux exigences des utilisateurs modernes et aux défis technologiques de demain.

Remerciements

Je tiens à vous remercier sincèrement d'avoir pris le temps de lire mon livre et d'avoir suivi ce parcours à travers le monde du développement d'applications Web Java. J'espère que ce livre vous a offert non seulement des connaissances pratiques, mais aussi de l'inspiration pour continuer à innover et à relever de nouveaux défis dans votre carrière de développeur.

En tant qu'**Ingénieur logiciel**, je suis passionné par l'apprentissage et le partage des meilleures pratiques dans notre domaine. Votre intérêt pour ce livre est une source de motivation pour moi, et je vous souhaite tout le succès dans vos futurs projets de développement.

Merci encore pour votre confiance et votre lecture. Si ce livre vous a aidé ou inspiré, je vous invite à **laisser un commentaire** et à lui attribuer une **note** sur la plateforme où vous l'avez acquis. Vos retours me permettent non seulement de m'améliorer, mais aussi d'aider d'autres développeurs et passionnés de technologie à découvrir ce contenu.

Si vous connaissez des collègues ou amis développeurs qui pourraient être intéressés par les applications de l'intelligence artificielle et de Java, n'hésitez pas à **partager ce livre** avec eux. Ensemble, nous pouvons contribuer à créer une communauté d'ingénieurs et de développeurs prêts à exploiter les technologies de demain.

Encore une fois, merci pour votre lecture et votre soutien. Je vous souhaite tout le succès possible dans vos futurs projets technologiques.

Jules NDANGA, Ingénieur logiciel

Don't miss out!

Visit the website below and you can sign up to receive emails whenever Jules NDANGA publishes a new book. There's no charge and no obligation.

https://books2read.com/r/B-A-TWEDB-REZQF

BOOKS 2 READ

Connecting independent readers to independent writers.

Did you love *L'Intelligence Artificielle Générative pour les Applications Web Java Dynamiques*? Then you should read *Overcoming the Spirit of Rejection*[1] by Jules NDANGA!

[2]

"Overcoming the Spirit of Rejection" is a deeply inspiring and transformative book that offers insight into overcoming rejection and its devastating consequences on self-esteem and personal identity. Through a blend of biblical teachings, personal testimonies and practical examples, the author, Jules NDANGA, shares his journey of healing and liberation from the grip of the spirit of rejection. This book is designed for those seeking to restore their true character in Christ, addressing the spiritual roots of rejection and offering concrete strategies for deliverance and restoration. With compassion and authority, NDANGA guides the reader to a deep understanding of

1. https://books2read.com/u/bQ7do0
2. https://books2read.com/u/bQ7do0

God's unconditional love and the power of His acceptance, providing a path to emotional and spiritual freedom.

Read more at https://quatsartv.com/.

Also by Jules NDANGA

Vaincre l'Esprit de Rejet
Overcoming the Spirit of Rejection
Les astuces de philippe SIMO: Votre futur dépend de vos choix d’aujourd’hui
Donald TRUMP : A man chosen by GOD
Donald Trump : Un homme choisi par Dieu
L'Intelligence Artificielle Générative pour les Applications Web Java Dynamiques

Watch for more at https://quatsartv.com/.

www.ingramcontent.com/pod-product-compliance
Lightning Source LLC
LaVergne TN
LVHW040431051026
849517LV00002B/550

* 9 7 9 8 2 2 4 3 7 7 0 4 6 *